超過二千萬人次點閱推薦

小小米桶的零油煙廚房

82道美味料理精彩上桌！

CONTENTS

煮出健康 眞風味16道.....55

無煙去油原味 焗&烤16道.....74

低熱量無負擔 涼拌12道.....95

簡單、充滿變化、味道一級棒的零油煙料理！

在國外待了將近8年，因為是開放式的廚房，讓我早已習慣少油煙的方式烹煮三餐。2009年跟著先生搬回地狹人稠的香港之後，每到吃飯時間，我都身受左右鄰居廚房飄來的油煙之苦。樓下黃媽媽在煎魚，隔壁張太太在猛火爆香蒜頭，準備炒青菜。雖然看不到鄰居的廚房，但光聞那可怕的油煙味，我大概已經猜到鄰居的餐桌上將會是哪些菜。

真的！我說的一點都不誇張，就是因為感受深刻，所以我希望能夠製作一本關於零油煙料理的食譜書，希望藉由這本書將料理零油煙的概念推廣出去，並且改變普遍認為零油煙料理等於清淡無味的刻板印象，其實零油煙料理簡單卻又充滿變化，味道更是一級棒！

零油煙、不悶熱，輕鬆下廚烹美味。低油、健康，吃得更安心

還在為清潔油膩膩的廚房而煩惱嗎？希望可以像個貴婦，優雅的下廚嗎？做菜到一半，老公剛好回到家，想與您來個愛的抱抱，是否擔心身體散發的不是清新怡人香水味，而是NG的油煙味？如果您有這些煩惱，那麼千萬不可錯過「小小米桶的零油煙廚房：82道美味料理精彩上桌！」

這本書中的所有菜餚，都是針對零油煙與減少在廚房等待看顧的時間而設計。更因為沒有油煙、不需要開抽油煙機，當然也不用擦洗廚房清油網；書中多以蒸、燉、滷、煮、烤、涼拌...等不需看管的烹調方式，對於廚房空間小、或炎熱難耐的夏季而言，可以事先切洗、醃製、準備妥當，用餐前算好時間放入蒸鍋、燉鍋或烤箱，同時離開廚房吹冷氣，時間一到，就可以享受美味佳餚，再也不見蓬頭垢面的煮婦，更不必香汗淋漓的招呼客人囉！

吳美玲（小小米桶）
全職家庭主婦，業餘美食撰稿人，跟著心愛丈夫(老爺）愛相隨的世界各國跑。
原本只是個鑽研料理的家庭主婦，將自己每天做的料理寫在部落格（ 小小米桶的寫食廚房 ），卻意外發展出一片料理的天空。

最希望的是—同心愛老爺一起環遊全世界
最喜歡的是—窩在廚房裡進行美食大挑戰
最幸福的是—看老爺呼嚕嚕的把飯菜吃光光

著有： 新手也能醬料變佳餚90道：小小米桶的寫食廚房

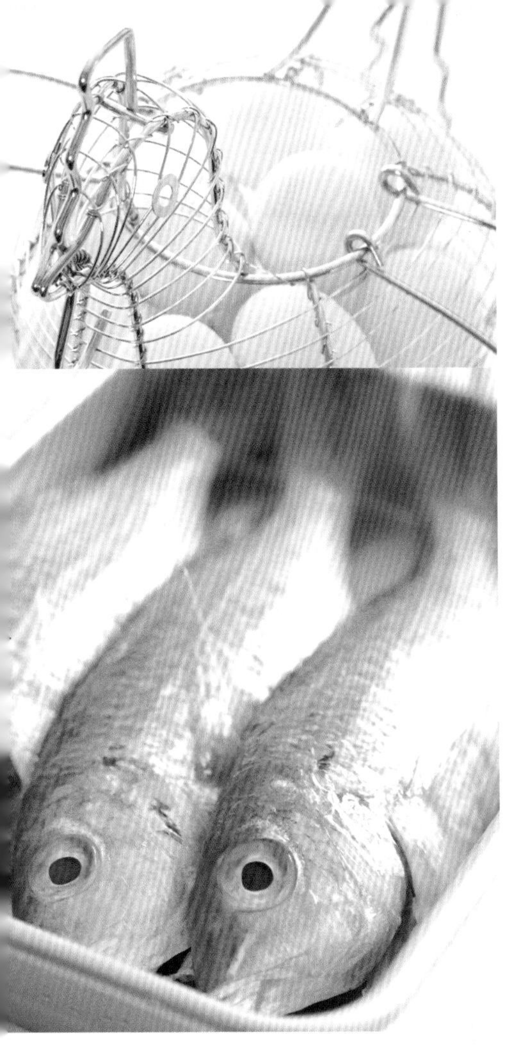

❶ 菜名

❷ 這道菜的份量、準備及烹調時間

❸ 材料、調味料及做法

❹ 步驟圖

❺ 小米桶的貼心建議

❻ 成品圖

本書的計量

- 材料標示中，1杯=240cc、1大匙=15cc、1小匙=5cc。
- 1兩=37.5公克　1台斤=600公克　1公斤=1000公克。
- 配方中所記述的準備及烹調時間是參考時間。會因個人熟練度而略有不同。
- 適量=依個人口味喜好所用的份量　少許=略加即可。

本書的注意事項

- 蒸=食材入鍋蒸之前，蒸鍋內的水要煮滾後，才將食材放入鍋中，並開始計時。
- 滷燉=醬油的鹹度會因品牌的不同，導致成品口感的差異，請以家中的醬油鹹度來調整用量，以避免過鹹，或是鹹度不夠。
- 汆燙=將食材放入滾水中燙煮至變色，可以去除血水或雜質污物。
- 烤=食材烘烤前，烤箱要事先依所需的溫度加熱約10~30分鐘，也就是當加熱指示燈熄掉，即代表預熱完成，而且每一台烤箱的溫度狀況也會稍微不同，烘烤時要依實際狀況加以應變與調整。
- 高湯=以大骨或雞肉所熬煮的湯，也可以利用市售高湯，或以清水加高湯塊來取代

Steam

輕鬆方便一碟蒸

說起零油煙料理，第一印象就是「蒸」，利用高溫的水蒸氣作爲熱力的傳導讓食物變熟。只要將食材用醬料調好味，不需以過多的油來烹調，是一種健康的料理方法，而且也不是放在水中煮，所以養份較不易流失於水裡，還能夠保留食材的原形、原汁、原味喔！

蒸的美味重點

- 蒸的食材要夠新鮮，若是使用到不新鮮的魚或肉，蒸出來的味道會特別腥。
- 蒸菜要注意火侯，一般魚、海鮮或肉類要大火旺蒸，蒸蛋則要改以文火來蒸，若火侯過大會讓蒸蛋表面產生小氣泡，影響滑嫩口感。
- 蒸菜的口味較清淡，可以在入鍋蒸之前，事先醃過，讓食材吸收醬料後達到充分入味，這樣就能蒸出好吃的蒸菜喔！
- 善用味道較強烈的調味料或是食材，幫助增加蒸菜的美味口感，比如：辣豆瓣醬、沙茶醬、鹹冬瓜、梅乾菜、臘腸臘肉...等等。
- 蒸的過程如果需要再添加水量時，要添加剛煮沸的水，這樣才不會降低蒸氣熱力，而影響蒸菜的品質。
- 有的鍋子的鍋蓋較平，在蒸的過程中容易將水蒸氣掉落在食材表面，影響食材的口感與外觀，我們可以用一塊大棉布，將鍋蓋包綁起來，這樣水氣就會讓棉布吸收，不掉落在食材上喔！

- 蒸蛋時除了用小火外，鍋蓋也不要蓋緊，放根筷子留些空隙，這樣蒸蛋的口感才會細滑軟嫩。
- 蒸菜時若需要蓋上保鮮膜，一定要使用耐高溫的保鮮膜，或是改用錫箔紙。而且蒸的容器不可使用不耐高溫的塑膠容器，或是有顏色的紙容器喔！

蒸的用具

家中只要有電鍋、炒鍋、蒸籠、微波爐，就能輕鬆的蒸出健康又美味的佳餚。

電鍋

是我們天天都會用到的廚房家電，利用電鍋內附的蒸盤與蒸架，就可以輕鬆用來蒸菜，而且更方便的是可以趁煮米飯時，在飯面上架蒸架，擺入食材，同時蒸煮。

蒸籠

用一般的湯鍋架上竹製或不鏽鋼製的蒸籠。尤其是竹製蒸籠，因傳導力與透氣性甚佳，非常適合用來蒸製點心，但缺點是使用完畢要晾至全乾才能收起保存，否則容易發霉。

炒鍋

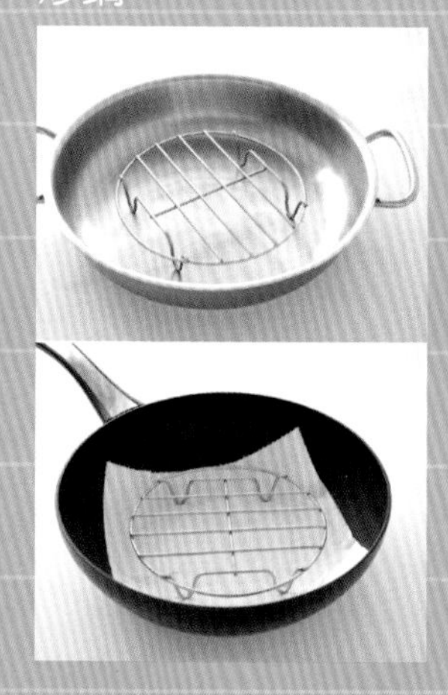

用炒鍋或是口徑大的淺鍋，在鍋裡擺上蒸架來蒸物。這是我最常用的方式，尤其是蒸魚時，因為魚身長只有利用炒鍋才夠大。如果鍋子是不沾鍋塗層的材質，要在鍋底墊上一塊棉布，才能將蒸架擺上去，否則在蒸的過程，蒸架可是會刮花鍋底喔！

微波爐

微波爐是無火烹調，利用微波能的熱力將食物變熟，非常的環保與節能，但是微波時要注意火力大小的選擇，以及時間的掌控，否則食材將會流失大量水份而變乾。

豉汁蒸排骨

每次和家人到茶樓飲茶一定會點這道豉汁蒸排骨。
濃郁的豆豉香味，與鮮嫩滑口的排骨肉，
怎麼吃都吃不膩喔！

材料		調味料	
小排骨	400公克	醬油	1大匙
豆豉	1大匙	米酒	1大匙
蒜末	1小匙	糖	1/2小匙
薑末	1/4小匙	鹽	適量
蔥白末	1/2小匙	水	2大匙
辣椒末	1/2小匙	太白粉	1小匙
沙拉油	1又1/2大匙	香油	1小匙

做法

1 將小排骨用清水泡約20分鐘，以去除血水，再撈起瀝乾水份；豆豉洗淨瀝乾水份後，再稍微切碎，備用

2 將蒜末、豆豉放入碗中，再將1又1/2大匙的沙拉油加熱至高溫，並沖入蒜末、豆豉的碗中，成為蒜油，備用

3 將做法1的排骨加入調味料(太白粉、香油除外)，充分攪拌均勻至水份被排骨吸收後，靜置醃約30分鐘使其入味，備用

4 再將排骨加入做法2的蒜油、薑末、蔥白末、辣椒末、以及太白粉、香油，混合拌勻後，移入蒸鍋中，以大火蒸約25分鐘，即完成

- 排骨先用調味料醃入味後，再加入油與太白粉拌勻，就能讓排骨在蒸時，肉汁不易流失，以保持滑嫩的口感。
- 也可將蒜末、豆豉放入碗中，加入沙拉油，蓋上保鮮膜，以中強火微波加熱1分鐘，成為蒜油。

芙蓉釀豆腐

滑嫩的豆腐與鮮甜的蝦肉，搭配出清爽的好滋味，再加上蝦殼熬煮的濃郁高湯，真是令人回味無窮，而且熱量低，多吃也不怕有負擔。

材料

- 鮮蝦……300公克
- 豆腐……1塊
- 蔥花……1大匙
- 高湯……250毫升
- 鹽……適量
- 太白粉水……1大匙
- 香油……1小匙

調味料

- 米酒……1小匙
- 白胡椒粉……少許
- 鹽……適量
- 香油……少許
- 太白粉……1小匙

做法

1 將鮮蝦剝成蝦仁，並去除腸泥洗淨，備用；再將剩下的蝦頭、蝦殼加入高湯煮約10分鐘後，瀝出湯汁成為蝦高湯，備用

2 將蝦仁用刀背拍成泥狀，並稍微剁碎後，再加入米酒、白胡椒粉、鹽攪拌均勻，再加入太白粉、香油，拌勻成為蝦漿，放入冰箱冷藏，備用

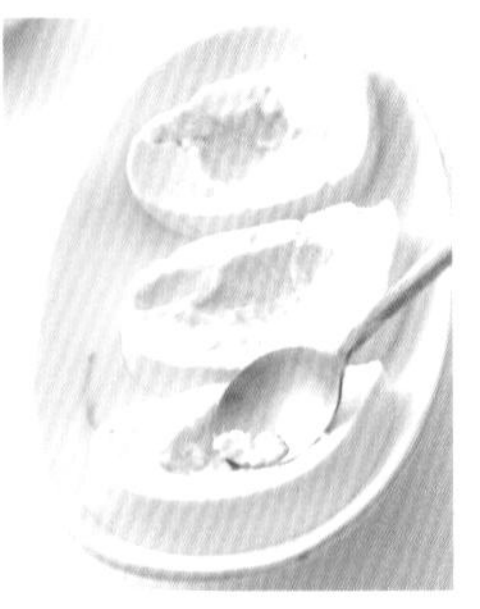

3 將豆腐切成厚約1公分的長方塊8~10塊，平鋪於盤上，並用湯匙於中間挖個小凹洞，在表面撒上一層薄薄的太白粉

4 再將做法2的蝦漿平均置於豆腐上，放入水滾的蒸鍋中蒸約 5分鐘

5 取一鍋，將做法1的蝦高湯加入鹽煮滾，並加入太白粉水勾薄芡，再滴入香油，做成淋醬，最後再淋在蒸好的蝦仁豆腐上，並撒上蔥花，即完成

小米桶的貼心建議 ▶

- 將蝦頭、蝦殼保留煮成高湯，可以增加釀豆腐的香味喔！

梅乾菜蒸肉

只要先將醃入味的梅乾菜豬肉放入電鍋中，
按下開關後，就能輕輕鬆鬆完成一道
香噴噴的下飯菜喔！

材料

五花肉……400公克
(梅花肉亦可)
梅乾菜……50公克
蒜頭……5瓣

調味料

醬油……3大匙
米酒……1大匙
糖……1/2小匙
太白粉……1/3小匙
沙拉油……2小匙

做法

1 梅乾菜用水浸泡約5分鐘後洗淨，以預防有沙子殘留，再切成小段，備用
2 將五花肉切成0.5公分的片狀後，加入醬油、米酒、糖、拍扁的蒜頭混合均勻，再加入太白粉、做法1的梅乾菜拌勻，靜置約30分鐘使其入味，備用
3 再將做法2已入味的梅乾菜豬肉拌入2小匙沙拉油後，放入蒸鍋中，蒸約20~25分鐘，即完成

小米桶的貼心建議 ▼

- 豬肉切片狀較容易蒸至熟軟，且蒸之前拌入適量的油，可讓肉吃起來具滑嫩感。
- 梅乾菜鹹度不一，所以醬油要依情況決定用量。

蛤蜊蒸蛋

滑嫩的蒸蛋，加上蛤蜊的鮮味，可說是鮮香又甜美！
蒸蛋之前要讓蛤蜊完全吐沙是最基本的功夫，
這樣蒸蛋才不會有沙沙的NG口感喔！

材料

蛤蜊……150公克
雞蛋……2個
蔥花……少許
薑……1片
米酒……1小匙
水……200毫升

做法

1 將蛤蜊放入加了少許鹽的水中，浸泡2小時，使其吐沙後，再將外殼刷洗乾淨，備用
2 取一鍋，加入薑片、米酒、200毫升的水煮滾後，加入蛤蜊，煮至蛤蜊半熟微開，再撈起蛤蜊，並將湯汁放涼，備用
3 將雞蛋打散，加入做法2的蛤蜊湯汁混合均勻，再過篩2次濾掉雜質，備用
4 取一深盤，放入蛤蜊，再倒入蛋液，蓋上耐熱保鮮膜，再放入水滾的蒸鍋中，小火蒸約15分鐘後，撒上蔥花，即完成

小米桶的貼心建議 ▲

- 先將蛤蜊煮至半熟，可以確保蒸蛋時蛤蜊已熟，而不會有蛋熟，蛤蜊卻只有半開未熟的狀況。
- 先用細網篩過濾蛋液，去除氣泡與繫帶，並且放入鍋蒸時，鍋蓋不要蓋緊，放根筷子留些空隙，如此蒸蛋的口感才會細滑軟嫩。

沙茶醬蒸肉絲

沙茶醬的特殊香氣，受到許多人的喜愛，
除了當火鍋蘸醬之外，也可以用於蒸、煮、炒、拌，
家中備用一瓶萬能的沙茶醬，隨時都能烹煮出美味的菜餚。

材料

材料	份量
里肌肉	200公克
黑木耳	50公克
薑(切絲)	2片
蒜頭(切片)	2瓣
蔥花	少許

調味料

調味料	份量
醬油	1大匙
米酒	1小匙
糖	1/2小匙
水	1大匙
鹽	少許
沙茶醬	1大匙
太白粉	1小匙

做法

1. 黑木耳洗淨，撕成一口大小的塊狀，再放入滾水中汆燙，撈起瀝乾水份，備用
2. 將里肌肉洗淨，切成細條狀，加入薑絲、蒜片、醬油、米酒、糖、少許鹽、與1大匙的水，混合均勻，醃約30分鐘至入味後，再加入沙茶醬、太白粉拌勻，備用
3. 將做法1的黑木耳舖於盤底，再放上做法2的豬肉，放入水滾的蒸鍋中，大火蒸約10分鐘後，再撒上蔥花(香菜碎亦可)，即完成

小米桶的貼心建議 ▲

- 里肌肉切成細條狀較容易蒸熟。

清蒸
海瓜子粉絲

清蒸海瓜子粉絲鮮味十足，粉絲吸滿了湯汁精華，
香味濃郁、鮮美甘甜， 好吃的讓人直呼過癮，
是一道簡單又美味的蒸料理。

材料

海瓜子……450公克
粉絲……1把
蒜頭……2瓣
薑……2片
蔥……1支
辣椒……1支
米酒……1小匙
高湯……120毫升

調味料

醬油……1/2大匙
糖……1/6小匙
香油……2小匙

做法

1. 海瓜子泡淡鹽水約2~3小時，使其吐沙後洗淨；薑切細絲；蒜頭拍扁；蔥切段；紅辣椒切細絲；調味料拌勻，備用
2. 粉絲泡軟後，放入滾水中汆燙約1分鐘，撈起瀝乾水份，排入深盤中，再舖上海瓜子、薑絲、蒜頭、蔥段、辣椒絲，以及淋入米酒與高湯
3. 再放入水滾的蒸鍋中，大火蒸約8分鐘後，取出淋入調拌好的調味料，即完成

小米桶的貼心建議 ▲
- 海瓜子要徹底吐沙後才入鍋蒸。

南乳薑汁蒸雞

南乳，又稱為紅糟腐乳，是以紅麴發酵製成的豆腐乳，口感潤滑，還帶有一股酒香。
除了可以用來烹調肉類，如：南乳雞翅、南乳五花肉。
也可以用來做下酒小菜，如：南乳花生。

材料

去骨雞腿……450公克
薑末……1又1/2小匙
蒜末……1小匙
香菜碎……適量

調味料

南乳……1/2塊
醬油……2小匙
糖……1小匙
太白粉……1又1/2小匙
香油……2小匙

做法

1 將南乳搗成泥狀，與醬油、糖混合調勻，備用
2 雞肉洗淨，切成一口大小的塊狀，再加入薑末、蒜末和先前調勻的南乳醬充分拌勻後，醃約30分鐘，備用
3 再將做法2的雞肉加入香油、太白粉拌勻，放入水滾的蒸鍋中，大火蒸約15分鐘後，取出撒上香菜碎，即完成

小米桶的貼心建議 ▲

- 也可以將雞肉替換成小排骨。

火腿冬瓜夾

將清爽的冬瓜切成夾片，再夾入風味鹹鮮的上好火腿，
再用高湯蒸至冬瓜透明，隱約可見粉色火腿片，
是一道簡單又吃的宴客菜喔！

材料

冬瓜……300公克
金華火腿……60公克
薑……2片

調味料

高湯……120毫升
米酒……1小匙
香油……1小匙
太白粉水……1大匙
蜂蜜……1小匙

做法

1 冬瓜去皮，切成一刀斷、一刀不斷的蝴蝶片狀，備用；將火腿切成與冬瓜差不多大小的薄片，置於碗中，刷上蜂蜜，再放入水滾的蒸鍋中，蒸約2分鐘，取出備用

2 將火腿夾入冬瓜裂縫中間，排入碟中，加入高湯、米酒、薑片，放入水滾的蒸鍋中，蒸至冬瓜變透明後，取出排於盤中，備用

3 另取一鍋，倒入蒸冬瓜夾的湯汁煮滾後，加入太白粉水勾薄芡，滴入香油拌勻，再淋入火腿冬瓜夾，即完成

小米桶的貼心建議 ▲

- 火腿可以選用喜好的火腿，比如：義大利的風乾火腿，也是不錯的選擇喔！
- 火腿與高湯本身已經具鹹味，所以鹽可依喜好酌量加入。
- 蒸的時間與冬瓜夾厚度有關，所以要依實際情況決定蒸的時間。

荷葉糯米蒸排骨

用荷葉與糯米來蒸製排骨，別具一番風味。排骨蒸的軟嫩，而糯米帶有荷葉的清香，以及充分吸收了排骨的滋味與油份，非常的誘人好吃。

材料

- 小排骨……300公克
- 長糯米……100公克
- 乾香菇……3朵
- 蒜末……1小匙
- 乾燥荷葉……1張

調味料

- 香菇素蠔油……2大匙（醬油膏亦可）
- 醬油……1小匙
- 米酒……1小匙
- 五香粉……少許
- 白胡椒粉……少許
- 香油……1大匙
- 鹽……1/4小匙

做法

1. 長糯米預先洗淨，用水浸泡一晚，再瀝乾水份，備用；乾香菇泡軟後切絲；荷葉用滾水汆燙後洗淨擦乾，備用
2. 將排骨剁成1~1.5公分小塊，並洗淨瀝乾水份，加入蒜末、調味料混合均勻後，醃漬約1小時，備用
3. 將做法2的排骨加入長糯米與香菇絲混合均勻，再用荷葉包裹起來，並用棉繩綑緊，或用牙籤以插別針的方式紮緊，再放入水滾的蒸鍋中，大火蒸約1小時，即完成

小米桶的貼心建議 ◀

- 小排骨可以替換成雞肉。
- 乾燥荷葉可於中藥店或傳統市場或迪化街買到。

海味珍珠丸子

珍珠丸子的做法簡單，造型可愛又討喜，是媽媽在家宴客時的基本菜單之一。
在肉餡中加入能散發出陣陣海鮮香味的曬乾魷魚，非常的鮮甜美味。

材料

豬絞肉(3肥7瘦)...200公克
曬乾魷魚....................50公克
荸薺..........................3個
芹菜末......................3大匙
糯米..............1又1/2量米杯

調味料

醬油..........................1大匙
米酒..........................1大匙
蒜頭.................1瓣 (切碎末)
白胡椒粉......................適量
香油..........................1小匙
太白粉........................1大匙
鹽............................適量

做法

1 糯米預先洗淨，用水浸泡一晚 (天熱要放入冰箱)再瀝乾水份，備用

2 乾魷魚放入加了少許鹽的水中，浸泡約半天變軟後，剝去外層薄膜並洗淨，再切碎，備用；荸薺去皮後，拍扁再切碎，備用

3 將豬絞肉加入醬油、米酒、白胡椒粉、蒜末、鹽，以同一方向攪拌至產生黏性，再加入太白粉、香油、魷魚碎、荸薺碎、芹菜末，混合均勻，備用

4 將做法3的肉餡整成約20個肉丸子後，滾上一層糯米，再用手輕壓表面，讓糯米固定在肉丸上，再將糯米丸子放入水滾的蒸鍋中，以大火蒸約15分鐘，即完成

小米桶的貼心建議 ◀

- 內餡用料可以自由變化，比如：蝦米、香菇、蔥花；糯米使用長糯米或圓糯米都可以。
- 食用時可以蘸醋醬油（ 醬油+香醋+香油），或是港式XO醬。

鳳凰鮮蝦捲

用蝦仁做成鮮蝦捲，不只有美麗討喜的外表，還具有十分扎實的口感，咬下去，鮮蝦味馬上在嘴中散開，可說是一道很不錯的宴客頭盤菜。

材料

蝦仁……120公克
荸薺(切碎)……2個
雞蛋……2個
壽司用海苔……1張

調味料

米酒……1小匙
白胡椒粉……少許
鹽……適量
香油……少許
太白粉……1小匙

做法

1 將蝦仁去腸泥洗淨，以廚房紙巾擦乾水份，用刀背拍成泥狀並剁碎後，再加入米酒、白胡椒粉、鹽攪拌均勻，再加入太白粉、香油、荸薺碎，拌勻成為蝦漿，放入冰箱冷藏，備用

2 雞蛋加入少許鹽打散成蛋液，將不沾鍋抹上少許的油，倒入蛋液以小火烘成蛋皮，備用

3 將蛋皮攤平，鋪上海苔，再撒上少許太白粉，再鋪上做法1的蝦漿，捲成紮實的長條形

4 再將捲好的蝦捲放在已經抹了油的盤中，放入蒸鍋中蒸約10分鐘，取出待涼後，再切成1公分厚片排盤，即完成

小米桶的貼心建議 ▲

- 蝦漿可以直接替換成市售已調好味的魚漿(魚漿可在市場魚攤上購買)。
- 蒸的時候最好用保鮮膜覆蓋著，可防止水蒸氣掉入盤底，蝦卷底部才不會濕濕的。
- 如果蛋皮比海苔小，則可以取2張海苔裁小，並將蛋皮烘成2張，分成2份包捲(但蝦漿的份量要增加一些些)。

蒸鹹蛋蓮藕肉丸

肉餡與蛋黃，鮮明的美麗配色，還沒吃進嘴裡，
眼睛就已經給吸引住了。
而且加了切碎的蓮藕，讓滑嫩多汁的肉餡，
增加點脆脆的口感。

材料

豬絞肉.............. 200公克
蓮藕......................... 1小節
(約200公克)
生鹹蛋......................... 1個

調味料

醬油......................... 1大匙
米酒......................... 1大匙
蒜頭............ 1瓣 (切碎末)
薑末..................... 1/4小匙
白胡椒粉.................. 適量
香油......................... 1小匙

做法

1 蓮藕去皮洗淨後，切成小粒；生鹹蛋去殼後，將鹹蛋白與鹹蛋黃分開，並將蛋黃用保鮮膜包裹後壓扁再切成16等份，備用

2 將豬絞肉加入醬油、米酒、薑末、蒜末、白胡椒粉，以及2大匙的鹹蛋白，以同一方向攪拌至產生黏性，再加入香油、蓮藕粒，混合均勻，備用

3 將做法2的肉餡整成約16個小肉丸子後，放入深盤中，並在頂面放上切小份的鹹蛋黃後，放入蒸鍋中大火蒸約15分鐘，即完成

小米桶的貼心建議 ▲

- 勿將鹹蛋白全部加入肉餡中調味，以免過鹹。
- 在肉餡裡也可增加蔥花、芹菜碎、或洋蔥碎，幫助去除鹹蛋的腥味。

小米桶的貼心建議 ◀

- 利用廚房專用剪刀將鮮蝦剪開，比刀子好操作，且較不危險。
- 可以在鮮蝦底下墊入泡軟的粉絲、粄條或豆腐。
- 也可以在鮮蝦蒸熟，撒上蔥花與醬汁後，再淋入燒至高溫的熱油。

蒜茸蒸蝦

不起眼的蒜茸竟能讓蝦子變得鮮味無比，
而且蒸出來的湯汁可說是精華所在，用來拌飯是好吃極了。

材料

鮮蝦……12隻
蒜末……4大匙
薑末……1/2小匙
蔥花……適量
米酒……1小匙

調味料

醬油……1大匙
熱開水……1大匙
香油……1小匙
糖……1/2小匙

做法

1 調味料預先混和成醬汁，備用；鮮蝦洗淨、剪掉長鬚、取出泥腸後，用刀在蝦背由蝦頭直剖至蝦尾處，再將腹部的筋剪斷，備用

2 將做法1的鮮蝦一隻隻攤開整齊的排於盤中，淋入米酒，再撒上蒜末、薑末，放入水滾的蒸鍋中，以大火蒸5分鐘至熟後，取出淋入預先調好的醬汁，再撒上蔥花，即完成

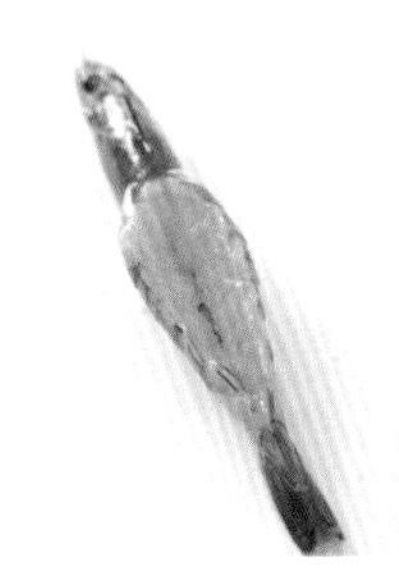

臘味蒸雞

臘味蒸雞是一道家常的廣東料理，不需要過多的調料或配料，
簡簡單單的就能讓雞肉充滿香濃滑口的鮮嫩滋味喔！

材料

雞……半隻
(約500公克)
臘腸……2根
臘肉……50公克
蒜頭……2瓣
薑……1片
蒜苗……1根

調味料

醬油……2小匙
米酒……1大匙
太白粉……1大匙

做法

1 將蒜苗洗淨切斜片；蒜頭與薑片切碎末；雞洗淨瀝乾水份後，斬成2公分方塊狀；臘腸、臘肉洗淨後切薄片，備用

2 將雞塊加入醬油、米酒、蒜末、薑末拌勻，再加入太白粉拌勻，再加入臘腸與臘肉混合均勻後，冷藏醃約30分鐘，備用

3 將醃好的做法2盛入大盤，放入水滾的蒸鍋中大火蒸約20分鐘後，取出擺上蒜苗，即完成

小米桶的貼心建議 ◀

- 可以單用臘腸來蒸雞。將全雞改用去骨的雞腿肉或是雞胸肉，則可縮短蒸的時間。
- 臘腸與臘肉已經具有鹹度，所以不需加過多的鹽或醬油來調味。

蒜茸粉絲蒸扇貝

扇貝又稱為日月貝，西式吃法主要是以奶油煎或焗烤，但是以中式清蒸料理的方法也很對味喔！

材料

- 扇貝……4顆
- 冬粉……半把
- 蒜末……1又1/2大匙
- 薑末……1/2小匙
- 蔥花……適量
- 米酒……1大匙

調味料

- 醬油……2小匙
- 糖……1/4小匙
- 熱開水……2小匙
- 香油……1/2小匙

做法

1. 用刀將扇貝肉取出，去除黑色沙包(內臟腸泥)後，以清水洗淨，並瀝乾水分，再加入米酒去腥，備用
2. 將扇貝的外殼仔細刷洗乾淨備用；冬粉用溫水泡軟後，切成5公分段長；調味料混合均勻，備用
3. 在每個扇貝殼上鋪上少許泡好的冬粉，再放上扇貝肉，撒上蒜末、薑末，放入水滾的蒸鍋中，大火蒸約5分鐘後，取出撒上蔥花，淋入先前拌勻的調味料，即完成

小米桶的貼心建議 ▶

- 一般餐廳為求美觀，多只將扇貝柱留下作主料，其實扇貝的斧足與半月形的卵巢或精巢皆可食用，只要去除內臟腸泥，即可。
- 扇貝易熟，不宜久蒸，否則肉質會老硬難吃，若擔心蒸的不夠熟透，可用刀在扇貝柱上劃幾刀後，再入鍋蒸。

破布子蒸魚

破布子又稱為樹子，含高纖維，具有開胃、促進消化的效果。
鹹鹹的甘甜味道，用它來蒸魚沒有魚腥味，且清甜可口。

材料

鱸魚……1條（約500公克）
蔥……5根
薑片……3片
蒜頭……2瓣
辣椒……1根
破布子(樹子)……含汁液3大匙
米酒……1又1/2大匙

調味料

醬油……2小匙
糖……1小匙
香油……1大匙
熱開水……1大匙

做法

1 取3根蔥切成長段，另外2根蔥則切絲；蒜頭切片；薑、辣椒切絲；調味料混合均勻，備用
2 將處理好鱸魚洗淨後，於魚背鰭的地方，從魚頭到魚尾縱切一刀，再放入滾水中迅速汆燙約3秒後取出，備用
3 將蔥段鋪於盤底，放上做法2的魚(劃刀面朝下)，淋入米酒，撒上蒜片、薑絲、辣椒絲、破布子，再放入水滾的蒸鍋中，大火蒸約8分鐘，熄火再燜2分鐘後，取出淋入先前拌勻的調味料，再撒上蔥絲，即完成

小米桶的貼心建議 ▲

- 將破布子捏破更能釋放出破布子特有的甘甜味。
- 魚蒸之前先放入滾水中快速汆燙，可去除魚身上的雜質與腥味。
- 魚蒸好後可以在淋入調味料與擺上蔥絲後，再淋入燒至高溫的熱油。

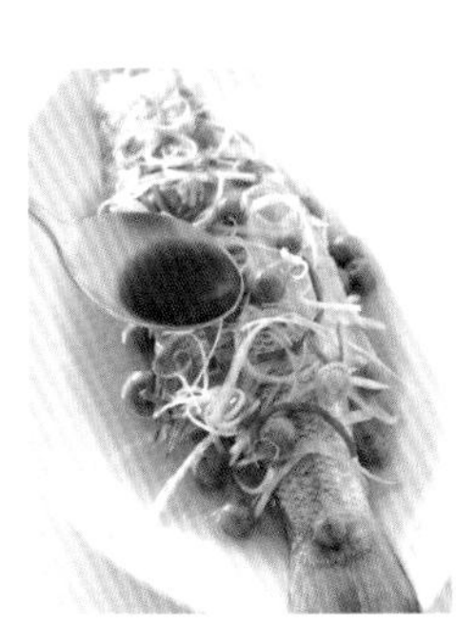

苦瓜釀肉

苦瓜釀肉清香爽口，一點也不油膩，而且蒸熟的苦瓜，
苦味中帶點淡雅的瓜香，配上鹹度剛好的梅乾肉餡，非常的好吃喔！

材料

苦瓜……1條
豬絞肉……200公克
梅乾菜……25公克
蒜末……1小匙
太白粉……適量

調味料

醬油……1大匙
米酒……1大匙
糖……1/2小匙
鹽……適量
香油……1小匙

芡汁用料

太白粉水……1大匙
香油……1小匙
鹽……適量

做法

1 梅乾菜用水浸泡約5分鐘後洗淨，再切成碎末，備用；豬絞肉加入調味料、蒜末攪拌均匀，再摔打至有黏性後，再加入梅乾菜混合均匀，即為肉餡，備用

2 苦瓜洗淨切成4個圈段並去籽，於內圍抹少許鹽與太白粉後，將做法1的肉餡鑲入苦瓜內，再放入水滾的蒸鍋中，以中大火蒸約15分鐘

3 取一小鍋，倒入苦瓜蒸出的湯汁，待煮滾後加鹽調味，再加入太白粉水勾芡，熄火前滴入香油拌匀，再淋入苦瓜釀肉，即完成

小米桶的貼心建議 ▼

- 苦瓜預先放入滾水中汆燙，就可以去除大部份的苦味喔！
- 梅乾菜可以替換成黃豆醬或是去籽的破布子(樹子)。
- 蒸好的苦瓜釀肉可以直接食用，省略淋芡汁的步驟。

五彩鑲中卷

新鮮Q彈的中卷，鑲入魚漿、蔬菜丁、香菇，
拌成的五彩繽紛內餡，再以清蒸的方式蒸熟，
食用時，切成薄片並擠上沙拉醬，
是大人小孩都愛吃的一道料理。

材料

中卷……2尾
魚漿……200公克
三色蔬菜丁……5大匙
乾香菇……2大朵
太白粉……少許
沙拉醬……適量

調味料

米酒……1小匙
白胡椒粉……適量

做法

1 三色蔬菜丁放入滾水中汆燙1分鐘，撈出瀝乾水份；乾香菇泡軟後切小丁，備用

2 中卷去皮膜洗淨後，用廚房紙巾擦乾內外的水份，備用；再將中卷的頭部切小丁，備用

3 魚漿加入三色蔬菜丁、香菇丁、切小丁的中卷頭部、以及所有調味料，拌勻成內餡，備用

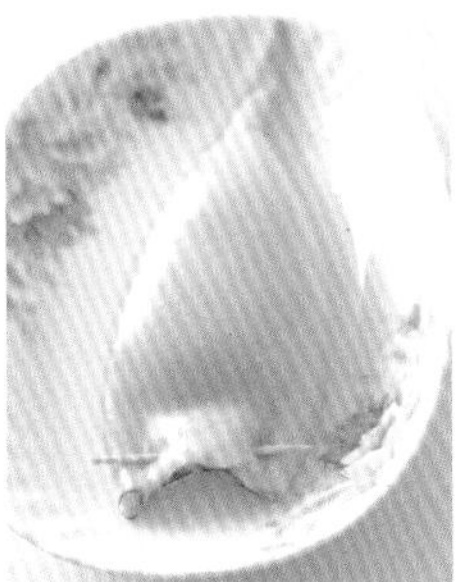

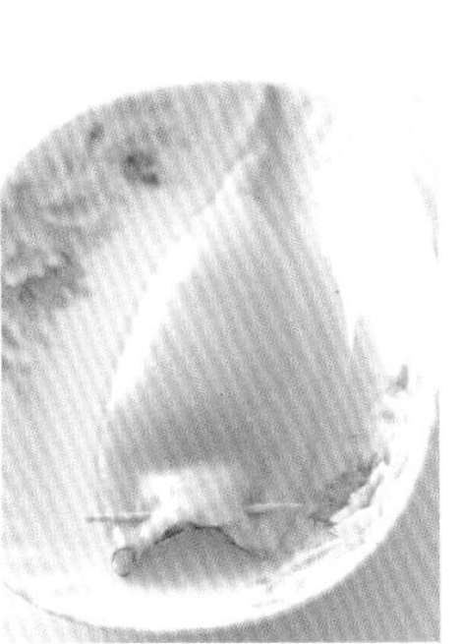

4 將做法2的中卷內側撒上少許的太白粉，再填入做法3的內餡，並用牙籤封口，排於盤中，放入水滾的蒸鍋，蒸約20分鐘，取出待涼後再切片，並擠上沙拉醬，即完成

小米桶的貼心建議 ▲

- 魚漿可以替換成豬絞肉，但需要加鹽或醬油調味。
- 餡料填入中卷時，勿填的太滿，並用牙籤在中卷身上刺幾個小洞，以避免蒸的過程，中卷遇熱緊縮，而將內餡爆開。

Stew

細火慢滷美味燉

「一家燉滷，萬家香」擁有神奇魔力的燉滷菜其迷人之處，就在於香醇濃郁的口感，百吃不厭，簡單卻又充滿變化，可以是道單純的下飯下酒菜，也可以是無聊時的零嘴點心，加上不分季節、老少咸宜，做法簡單、健康零油煙......等優點，因此"滷" 獲不少人心。

燉滷的美味重點

- 肉要先汆燙去血水，可以去除腥味與雜質，避免燉滷時產生浮沫，而且汆燙能使肉的表面迅速收緊，將肉汁封鎖在裡面，再以冷水沖洗降溫，讓肉塊遇冷收縮，這樣燉滷出來的口感不僅香Q，也會鮮嫩多汁。

- 燉滷的過程，先以中大火煮滾後，再以極小火慢燉，若是以大火不斷燉滷，會使水分快速蒸發，肉質容易變得又乾又硬，因此燉滷時先以中大火煮滾後，再以極小火慢慢燉滷1~2小時，讓香味滲透到肉裡，使其入味，這樣才會軟嫩香Q。

- 製作滷肉或滷味時剩下的滷汁，可以重複再利用，每次只要依味道酌量添加新的調味料與適量的水即可，而且老滷汁已經含有膠質，味道甘醇豐美，用老滷汁所滷製的滷肉或滷味會更加好吃喔！

- 滷汁的保存法也很簡單，只要先將滷汁以網勺過濾掉殘渣，用保鮮袋裝好，放入冷凍庫冰凍保存，或是用一般的湯鍋盛裝，每天重複煮至沸騰，即可保存於室溫下。

燉滷的鍋具

美味的調味醬汁再配合自己熟悉的鍋具，就能烹煮出完美的燉滷菜。

一般的鍋子

太太媽媽們的廚房好幫手，實用性佳，任何料理都能輕鬆烹煮出美味。

砂鍋

是以沙和陶土所製成，受熱均勻，保溫能力強，耐長時間烹煮，又能保留食材原味，但不耐溫差變化，忽冷忽熱易造成鍋裂，主要用於小火慢燉。

鑄鐵鍋

鍋身厚、導熱均勻，保溫能力強，長時間烹煮也能保留食材原味，而且燉煮時會釋放少量鐵質有益健康，但鑄鐵鍋的重量比一般鍋具要重，若無琺瑯質塗層則需要抹油養鍋以防生鏽。

壓力鍋

技術精密，在加熱時使鍋內產生壓力提高溫度，讓食材大大的縮短烹調時間，營養完全不流失，具有省時、節能又方便的優點，受到許多人的喜愛。

安全使用壓力鍋
來完成香濃入味的燉滷料理

壓力鍋的好處是省時、省力、省能源，非常符合現代人的生活，是個值得投資的鍋具喔。但很多廚房新手一直對於使用壓力鍋帶有畏懼感，其實只要細心遵守壓力鍋的操作指示，就能放膽開火安全煮。

1 將材料洗切好，或是肉類汆燙過後，放入壓力鍋中，加入所有配料與調味料。

TIPS：若是滷肉則可以先靜置醃泡約30分鐘~1小時，讓肉預先上色與入味。

2 蓋上壓力鍋蓋，並且仔細檢查是否已正確的蓋上。

TIPS：可以觀看壓力鍋的安全鎖定標示，簡單明瞭讓人有安全感。

3 再將壓力設定為所需的段數（若為較舊式的傳統壓力鍋，則無段數設定）最後再加熱至所需的時間，等待靜置洩壓完畢後，再打開鍋蓋，一道香噴噴的燉滷料理就完成囉。

TIPS：千萬不可在壓力鍋還處於壓力下，強行打開鍋蓋喔！要等蒸氣都洩完了，再打開。

可樂豬腳

用可樂來滷豬腳，可以加速熟爛，減少燉滷的時間，
而且可樂原本的焦糖效果，還能讓滷出來的豬腳色澤漂亮，
以及帶有香甜的味道喔！

材料

豬腳……1000公克
生花生……100公克
可樂……1罐(易開罐)

調味料

醬油……100毫升
紹興酒(或米酒)……100毫升
五香粉……適量
蒜頭……5瓣
薑……3片
辣椒……1根
青蒜(或蔥)……2根
鹽……適量
清水……適量

做法

1 將花生洗淨，再用清水浸泡約3~4小時後，瀝乾水份，備用
2 將豬腳洗淨後，放入滾水中汆燙約10分鐘，再撈起泡入冰水降溫，再清洗乾淨，備用
3 取一鍋，放入做法1的花生、做法2的豬腳、可樂、調味料，以及剛好可淹蓋過豬腳的水量，大火煮開後轉小火滷約1小時，即完成

小米桶的貼心建議 ▼

- 豬腳汆燙後泡入冰水，可以大大提升Q嫩的口感。
- 可樂，除了增加滷汁的色澤與甜味之外，還可去油解膩，但要注意的是，必須使用一般的可樂，以代糖為主的健怡可樂因含人工甘味劑，遇熱會變苦，故不宜使用。
- 花生可以依喜好決定是否加入，或是改用泡軟的乾香菇，也是不錯的選擇喔！

土豆麵筋(花生麵筋)

香香甜甜的花生麵筋除了當下飯小菜之外，
也很適合做為便當菜喔！
而且還可以將花生替換成香菇，即為香菇麵筋囉！

材料

麵筋泡……80公克
生花生……120公克

調味料

清水……250毫升
醬油……2大匙
冰糖……1/2大匙
八角……2粒
鹽……適量

做法

1 將花生洗淨，再用清水浸泡約3~4小時後，瀝乾水份，放入鍋中加入可淹蓋過花生的水量，煮至花生熟軟，再瀝去水份，備用
2 將麵筋泡放入滾水中汆燙至變軟後，撈起瀝乾水份，備用
3 取一鍋，放入做法1的花生、做法2的麵筋泡，以及調味料，煮滾後轉小火煮至湯汁稍微收乾，即完成

小米桶的貼心建議 ▼

- 天熱時，花生要放入冰箱中冷藏浸泡，以避免腐敗變質。
- 麵筋泡預先汆燙過，可以去除多餘的油脂與油耗味。

客家甜味四神湯

冬至的時候，媽媽除了會煮一鍋客家鹹湯圓之外，還會再煮甜味的四神排骨湯。
在寒冷的冬天，喝上一碗熱熱、香香、甜甜的四神湯，全身都暖呼呼的了。

材料

- 排骨……400公克
- 米酒……1大匙
- 冰糖……適量
- 水……1200毫升

四神湯料

- 山藥……1兩
- 茯苓……1兩
- 芡實……1兩
- 蓮子……1兩
- 薏仁……1兩

做法

1. 將排骨放入滾水中汆燙後撈起洗淨，備用
2. 取一鍋，放入四神湯料，並加入適量的水煮約10分鐘後，將鍋內的水倒掉，再重新加入1200毫升的水，以及做法1的排骨，大火煮滾轉小火煮至四神湯料熟軟後，再加入冰糖煮至溶化，熄火前再淋入米酒，即完成

小米桶的貼心建議 ▲

- 四神湯料可至中藥店購買。
- 先將四神湯料第一遍煮的水倒掉，再重新加水燉煮，這樣煮好的四神湯才不會混濁。
- 如果不喜甜味，則可以將冰糖替換成鹽。

花生炆鳳爪

每次到茶樓飲茶的時候，我們必點的就是炆鳳爪。
看似完整的鳳爪，確是被燉煮至入口即化的境界，
以及富含膠質的濃稠醬汁，鹹鹹甜甜的超級好吃。

材料

雞腳……12隻 (中大型)
生花生……70公克
香菇……5朵
薑片……3片
蒜頭……2瓣

調味料

醬油……3大匙
紹興酒……5大匙
冰糖……1大匙
八角……2個
清水……
可稍微淹蓋過雞腳的水量

做法

1 將花生洗淨，再用清水浸泡約3~4小時後，瀝乾水份，放入鍋中加入可淹蓋過花生的水量，煮約15分鐘後，再瀝去水份，備用
2 香菇泡軟後，洗淨切小塊；將雞腳剁去指尖，放入滾水中汆燙後撈起洗淨，再切成兩等份，備用
3 取一鍋，放入做法1的花生、雞腳、香菇、蒜頭、薑片、調味料，以不蓋鍋蓋的方式，煮滾後，轉最小火煮至湯汁黏稠收汁，即完成

小米桶的貼心建議 ▲

- 燉煮時只要不蓋鍋蓋，就可以將雞腳燉至軟爛入味，又能保持完整，不破皮甩骨喔！
- 雞腳富含膠質，所以煮到最後湯汁會非常濃稠，這時要適時的晃動鍋身，或是小心翻動鍋內雞腳，以避免黏鍋底。

高升排骨

因為調味料的比例，剛好逐一增加(1酒2醋3糖4醬)，有步步高升的象徵，故取名為"高升"排骨。
而且調味料中有糖與烏醋，讓排骨變得酸酸甜甜的，非常開胃下飯喔！

材料

肋排......600公克
蒜頭......2瓣
薑......2片
炒過的白芝麻......少許

調味料

米酒......1大匙
烏醋......2大匙
糖......3大匙
醬油......4大匙
水......250毫升

做法

1 將肋排放入滾水中汆燙後撈起洗淨，備用；薑切片；蒜頭去皮，備用
2 取一鍋，放入做法1的肋排、薑片、蒜頭、以及調味料，大火煮滾後轉小火煮至收汁，即可盛盤，並撒上白芝麻，即完成

小米桶的貼心建議 ▲

- 如果不喜歡太甜的口味，可以將糖的份量減少(或將糖與烏醋的份量互相對調)。
- 因為糖的比例偏高，所以在醬汁快收乾時，要適時的翻動排骨，以避免鍋底燒焦。

烏龍茶葉蛋

以浸泡的方式，讓蛋慢慢吸收茶葉與
各種香料混合的氣味。
小小的一顆茶葉蛋，充滿古早的滋味。

材料

雞蛋……6個
鵪鶉蛋……12個

調味料

烏龍茶……20公克
醬油……80毫升
八角……3粒
冰糖……1小匙
水……300毫升
鹽……適量

做法

1 取一鍋，加入調味料煮滾後，以小火續煮約2~3分鐘，即可熄火，待涼備用
2 將雞蛋、鵪鶉蛋洗淨，放入鍋中，加入可淹蓋過蛋的水量，以及份量外的1大匙鹽，先用中大火將水煮開，再轉小火續煮10分鐘後，撈起泡入冷開水中降溫，再撈起，並用湯匙將蛋輕輕敲出裂痕，備用
3 將做法2的蛋泡入做法1的滷汁中，再放入冰箱中冷藏一天至入味，即完成

小米桶的貼心建議 ▲

- 茶葉可以替換成紅茶、普洱茶。
- 因為無法長期保存，且浸泡越久，味道會越重，超過3天就要從醬汁中撈起喔！

蜜汁滷豆干

外Q內軟、帶有嚼勁的蜜汁豆乾，
不管是熱吃，還是冰涼了再吃，一樣好吃。
甜甜鹹鹹的滋味，大人小孩都會喜歡，
是一道不錯的零嘴小食喔！

材料

豆乾..........500公克

調味料

醬油..........1杯
冰糖..........150公克
沙拉油..........1/2杯
八角..........2顆

做法

1 將每塊豆乾分切成4個小方塊，再放入滾水中汆燙後撈起瀝乾水份，備用
2 將豆乾放入鍋中，加入所有調味料，煮滾後轉小火煮約20~30分鐘，即完成（製作完成後，若能放置隔夜再食用，會更入味、更好吃）

小米桶的貼心建議 ▼

- 豆乾滷煮的時間越長，口感就會越有嚼勁，所以可以依照喜愛的口感，來決定滷煮的時間。
- 豆乾可以選用小方形豆乾，就不用再分切小塊了。
- 可以加入少許的花椒，或是肉桂粉。

話梅燜豬手

用話梅與山楂乾來燉滷豬腳，可以加速燉至軟爛，以及中和豬腳的油膩感，而且酸酸甜甜的醬汁，混著Q軟有彈性的豬腳筋，非常的惹味下飯喔！

材料

- 豬腳……1000公克
- 話梅……10粒

調味料

- 醬油……5大匙
- 紹興酒……3大匙
- 鎮江香醋……4大匙
- 蒜頭……3瓣
- 薑片……3片
- 八角……2粒
- 山楂乾……6片
- 冰糖……1小匙
- 水……可稍微醃蓋過豬腳的量

做法

1. 將豬腳洗淨後，放入滾水中汆燙約10分鐘，再撈起泡入冰水並洗淨，備用
2. 取一鍋，放入做法1的豬腳、話梅、調味料，以及剛好可淹蓋過豬腳的水量，大火煮開後轉小火燉滷約1.5小時，即完成

小米桶的貼心建議 ▲

- 建議使用肉較少的豬蹄來燉滷，或是替換成肋排骨或是雞翅。
- 山楂乾可至中藥店購買，加入山楂可以加速豬腳燉至軟爛，而且山楂的酸味可以中和冰糖與話梅的甜度，與豬腳的油膩感。

韓式燉黑豆

燉黑豆的口感是甜甜鹹鹹的很有嚼勁，我最喜歡用湯匙挖一口飯，上面再放幾顆黑豆子，然後大口的塞進嘴裡，哇...真的很下飯、很好吃喔！

材料

黑豆……1杯

水……3杯

乾炒過的白芝麻……1大匙

調味料

醬油……6大匙

砂糖……4大匙

芝麻油……1大匙

做法

1. 將黑豆洗淨，用清水浸泡約2小時後，加入3杯的水，以不蓋鍋蓋的方式，先大火煮滾，再轉最小火煮約30~40分鐘
2. 再加入醬油、砂糖拌勻，繼續以最小火煮約15~20分鐘，(煮時要偶爾輕輕翻動，以避免黏鍋)，最後再加入芝麻油拌勻，盛入盤中，撒上白芝麻，即完成

小米桶的貼心建議 ▼

- 選用顆粒大又飽滿，且表面較無光澤的黑豆，會比較容易煮軟，比如：青仁黑豆，或是日本與韓國的黑豆。
- 若購買不到顆粒大又飽滿的黑豆，則煮之前要浸泡約半天的時間。
- 煮黑豆時，可以放入一根洗乾淨並用棉布包裹好的生鏽鐵丁，或是專門煮食用的鐵具，或改用鑄鐵鍋，因為鐵可以幫助穩定黑豆的黑色素，讓黑豆煮好後還能保有烏黑的光澤。

蓮藕滷麵輪

滷煮到入味的蓮藕，口感是粉糯好吃，而麵輪也吸滿了香香的滷汁，
夾一塊麵輪配著一大口的白飯，哇...真的好好吃喔！

材料

麵輪……60公克
乾香菇……6朵
蓮藕……1小節
紅蘿蔔……1/2根

調味料

醬油……3大匙
米酒……3大匙
冰糖……1又1/2小匙
蒜頭……2瓣
薑……3片
八角……2粒
水……400毫升

做法

1 將麵輪用水浸泡3小時至軟，再放入水滾的鍋中煮約15分鐘後，撈起擠去水份，備用
2 香菇泡軟後切對半；蓮藕洗淨切大塊；紅蘿蔔去皮洗淨切大塊，備用
3 取一鍋，放入做法1的麵輪、香菇、蓮藕、紅蘿蔔、以及調味料，大火煮滾後轉小火煮至麵輪與蓮藕熟軟，即完成

小米桶的貼心建議 ▲

- 滷煮的配料可自由變化，比如：牛蒡、筍子、蒟蒻。
- 若用吃剩的滷肉湯汁來滷煮，味道會更好喔！

燉梅乾菜獅子頭

在獅子頭裡加入甘香芬芳的梅乾菜，以增加不同風味，尤其是墊底的白菜，
在燉煮的過程中，吸收了所有的精華。

材料

- 豬絞肉……250公克
- 梅乾菜……50公克
- 白菜……1/4顆
- 荸薺……4個
- 蔥花……1大匙
- 薑末……1/4小匙
- 蒜末……1小匙

肉餡調味料

- 清水……3大匙
- 醬油……2大匙
- 米酒……1大匙
- 糖……1小匙
- 香油……1大匙
- 鹽……適量
- 五香粉……少許
- 胡椒粉……少許

湯頭調味料

- 高湯……600毫升
- 醬油……2大匙
- 糖……1/2小匙

做法

1 梅乾菜用水浸泡約5分鐘後洗淨，再切成碎末；荸薺去皮洗淨後，拍扁切成粒狀；大白菜洗淨撕大塊，放入滾水中汆燙至軟後，撈起瀝乾水份，備用

2 將豬絞肉用菜刀剁約2～3分鐘，再放入大盆中加入肉餡調味料(清水除外)，充分攪拌均勻後，再將3大匙的清水分3次邊攪拌邊加入，直至水分被肉吸收，再將肉餡用手拿起往大盆裡摔打約1分鐘

3 將梅乾菜碎、荸薺碎、蔥花，加入做法2的肉餡中混合均勻，再將肉餡分成數等份，並整成球狀的獅子頭，備用

4 取一鍋，將先前燙軟的白菜墊入鍋底，再擺上做法3的獅子頭，加入湯頭調味料，大火煮滾後，轉小火燉煮約30分鐘，即完成

小米桶的貼心建議 ▶

- 豬絞肉建議使用肥3瘦7的比例，且拌餡之前，先用菜刀剁幾分鐘，以增加肉質的彈性。
- 拌餡時，邊攪拌邊加入水，可以讓獅子頭口感較鮮嫩多汁。
- 燉煮好，可以先將獅子頭與白菜取出盛盤，然後再取適量的湯汁，加入太白粉水，勾成芡汁，淋入獅子頭。

韓式醬馬鈴薯

小巧可愛的醬馬鈴薯，在韓國可說是一道高人氣的家常小菜，甜甜鹹鹹的非常下飯喔！

材料

迷你馬鈴薯……400公克
昆布……5公分段長
清水……1杯
炒過的白芝麻……1小匙

調味料A

醬油……3大匙
味醂……2大匙
糖……1大匙
蒜頭(切碎)……1瓣

調味料B

韓國玉米糖漿……2大匙
(可用1大匙果糖替代)
香油……1大匙

做法

1 馬鈴薯不去皮，直接刷洗乾淨，備用
2 昆布用濕布擦去雜質，放入鍋中，加入1杯的清水泡約30分鐘，再放入洗淨的馬鈴薯，煮滾後先將昆布撈起，鍋內的馬鈴薯再繼續煮約10分鐘
3 將調味料A放入做法2的鍋中混合均勻，蓋上錫箔紙，煮滾後轉小火煮至收汁
4 將錫箔紙拿掉，加入調味料B混合均勻，最後再撒上白芝麻，即完成

小米桶的貼心建議 ▲

- 煮的過程中要不斷的輕翻動馬鈴薯，或是搖晃鍋子，以避免馬鈴薯黏鍋。
- 將錫箔紙蓋在馬鈴薯的上面，可以幫助均勻入味。

櫻花蝦燉蘿蔔

白蘿蔔富含維生素和纖維質，一年四季都有生產，
尤其是冬天的白蘿蔔，特別清甜多汁，
不管是煮湯或燉滷都非常的好吃喔！

材料

白蘿蔔……500公克
櫻花蝦……15公克
蒜頭……2瓣
薑……2片
辣椒……1根
蔥花……適量
白米……1大匙

調味料

醬油……2大匙
米酒……2大匙
糖……1大匙
白胡椒粉……適量
水……500毫升

做法

1 將白蘿蔔去皮洗淨，切成2.5公分厚的圓塊狀，再放入鍋中加入適量的水、1大匙白米，煮約10分鐘後熄火，續燜約10分鐘，再取出以冷水洗淨，備用

2 櫻花蝦洗淨，瀝乾水份；蒜頭切片；薑切片；辣椒切小段，備用

3 取一鍋，放入做法1的白蘿蔔、櫻花蝦、蒜片、薑片、辣椒、以及調味料，蓋上烘焙紙或錫箔紙做成的蓋子，大火煮滾後轉小火燜煮至蘿蔔入味，食用前再撒上蔥花，即完成

小米桶的貼心建議 ▲

- 料理白蘿蔔時，可以先將白蘿蔔放入加了生米的水中，以小火煮至熟，再撈起泡冷水，之後不管是再蒸、再滷或再煮，都更能引出蘿蔔的甜味，因為生米能夠去除辛味，而煮熟泡冷水可以收縮纖維，讓蘿蔔的口感更好。

份量 6人 準備 30min 烹煮 30min

桂花豉油雞

豉油雞其實就是用醬油與香料浸滷成的雞料理，
口感是香滑鮮嫩。在滷汁中添加桂花，
可以讓鮮滑的雞肉帶有清新淡雅的桂花香氣喔！

材料

雞……1隻(約1.5~2斤)
萬用滷包……1包
薑……3片
蔥……5支(或紅蔥頭5個)
紅麴米……1大匙
乾燥桂花……1又1/2大匙
米酒……50毫升
香油……適量(或麥芽糖)

調味料

醬油……500毫升
冰糖……180公克
清水……2000毫升

做法

1 將紅麴米、桂花放入萬用滷包中，並扎緊備用；取一個口徑小但鍋較深的湯鍋，放入滷包、蔥、薑、以及調味料，大火煮滾後，轉小火續煮約30分鐘，即為滷汁，備用

2 雞洗淨，放入滾水中汆燙撈起，再放入做法1的滷汁(滾沸中)，並加入米酒，煮滾後轉極小火，以似滾非滾的狀態浸泡約30分鐘，將雞撈起瀝乾汁液，再刷上香油(或麥芽糖)，待涼後，即可切塊排盤食用

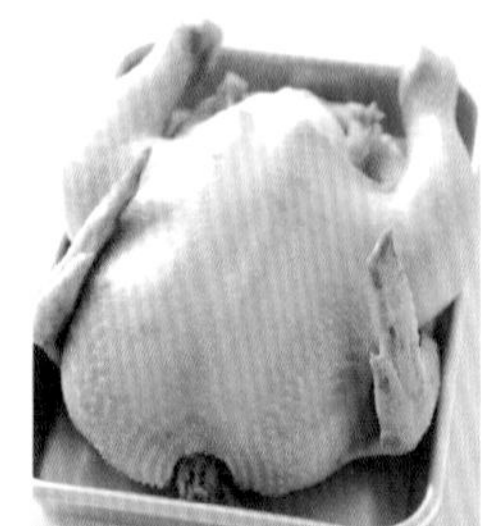
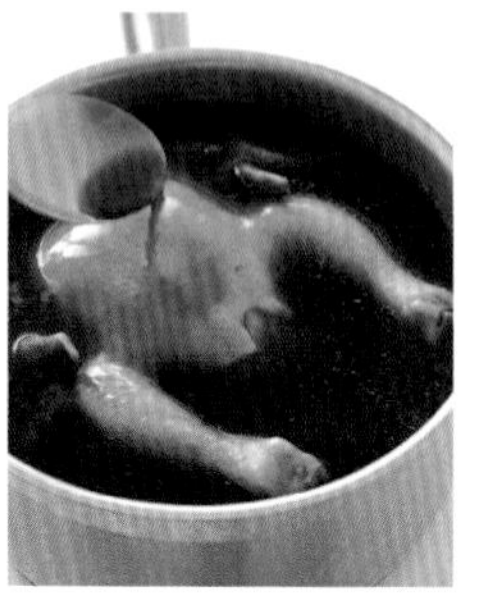
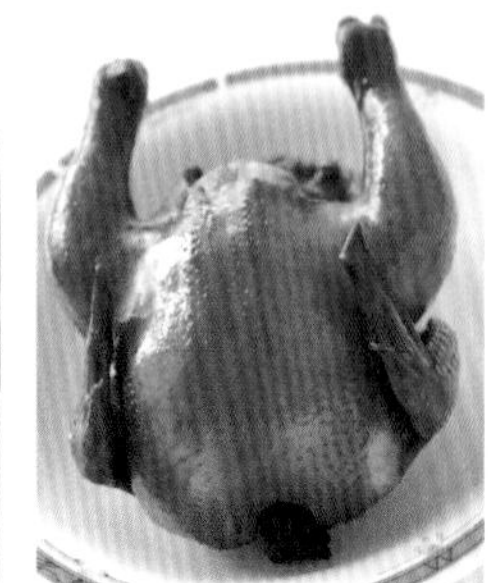

小米桶的貼心建議 ◀

- 鍋子盡量使用口徑小，但鍋較深的湯鍋，若是滷汁無法完全淹過雞，則可以邊浸泡邊用湯匙舀起滷汁淋雞約15分鐘後，將雞翻面，再邊淋邊浸泡約15分鐘。
- 雞浸泡的時間要彈性調整，因為鍋子與雞的大小，都會影響浸泡的時間，可以觀察雞腿尾部的腳筋，若斷了就差不多熟了。
- 雞也可以不經滾水汆燙，直接先將雞放入滾沸中的滷汁3秒，提起，再入滷汁3秒，提起，重復3次後，即可放入滷汁中浸泡。
- 紅麴米可以增加滷汁的色澤，讓滷汁不死黑，或是將紅麴米替換成糖色。
- 剩下的滷汁可以回滷2~3次，不過米酒在每次滷時都要添加新的份量。保存方法可以過濾後，放入冷凍庫冰凍，或是每日重復煮沸，放於室溫下保存。
- 用萬用滷包較簡單方便，想讓滷汁更具風味，可以依照下列藥材至中藥店購買，八角5公克、沙薑15公克、小茴3公克、甘草5公克、桂皮8公克、草果2個、月桂葉6公克。

酒香溏心蛋

將半熟的水煮蛋用滷汁浸泡至入味，吃起來是蛋白香Q軟嫩，
而半生不熟蛋黃則濃郁滑口。只要掌握煮蛋的小訣竅，
自己也可以在家輕鬆做出好吃的溏心蛋喔！

材料

雞蛋..6個（每個約60公克）
紹興酒……100毫升
鹽……1大匙
醋……1大匙

調味料

醬油……50毫升
冰糖……1大匙
紅棗……3粒
當歸……1小片
八角……2個
水……200毫升

做法

1 將調味料煮滾，再轉小火續煮約10分鐘，熄火，等放涼後，再加入紹興酒即為滷汁，備用

2 將雞蛋從冰箱取出放置回溫，再清洗乾淨並用湯匙輕敲較鈍的一端，使其稍微有點裂痕，備用

3 煮一鍋水(水量要能淹過蛋)，沸騰後轉小火，加入鹽和醋，再將雞蛋放入鍋中，轉中小火邊煮邊用筷子輕翻動雞蛋6分鐘，再立即將整鍋的蛋放在水龍頭下，邊沖泡邊剝除蛋殼後，再將雞蛋泡入冰開水中，使其完全變涼，再撈起瀝乾水份，備用

4 再將做法3的雞蛋浸泡於做法1的滷汁中，並放入冰箱冷藏1天至入味，即可取出食用

小米桶的貼心建議◀

- 用縫衣服的棉線繞蛋一圈的方式切溏心蛋，就可以切的乾淨漂亮喔！
- 雞蛋從冰箱取出，放在室溫下回溫後再煮，較不裂開。在滾水中加入鹽與白醋，也是幫助蛋在煮的過程中不易開裂，且較易於剝殼。
- 雞蛋若一次煮較多的量，則要先將蛋放在漏勺上，一次全下入鍋中，這樣才能確保每個蛋煮的時間都相同。
- 煮的過程邊用筷子輕翻動雞蛋，可讓蛋黃固定在蛋的中央。
- 剝蛋殼時用湯匙將蛋殼輕敲裂後，再泡入水中，讓水進入蛋殼裡，就會很好剝除蛋殼囉。
- 當歸可依喜好決定是否加入。

滷雞翅&高麗菜封

以滷肉為底再搭配著高麗菜，以細火慢燉出的一道鮮美滷菜。
燉到軟爛入味的高麗菜，吸收了雞肉與滷汁的精華，會讓人一不小心就吃掉整大顆的高麗菜喔！

材料

雞中翅……8隻
(或是4隻全雞翅)
高麗菜……1顆
薑片……2片
蒜頭……3瓣
香菜碎……適量

調味料

醬油……50毫升
紹興酒(米酒亦可)……50毫升
八角……2顆
冰糖……1小匙
清水……250毫升

做法

1 將高麗菜剝去老葉，切成4~6等份，再沖洗乾淨，放入滾水中汆燙至表面稍軟後，撈起瀝乾水份；將雞翅洗淨，放入先前燙高麗菜的滾水中汆燙，再撈起洗淨，備用
2 取一鍋，放入做法1的雞翅、高麗菜、薑片、蒜頭、以及調味料，蓋上鍋蓋，以小火燉煮約20分鐘後，取出盛盤，撒入香菜碎再淋上湯汁，即完成

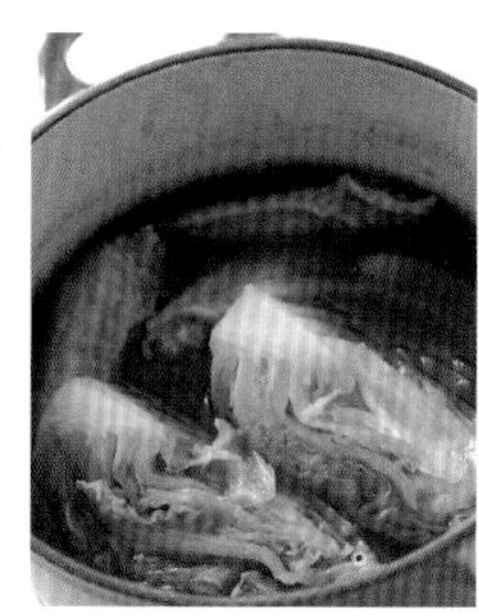

小米桶的貼心建議▲

- 燉煮的水量不用加多，高麗菜會持續燉出大量的水份。
- 燉煮的中途可將高麗菜翻面，幫助入味。
- 雞翅可以替換成雞腿，或是剛好家中有吃完剩下的滷肉汁，可直接用來燉高麗菜。

材料

五花肉……600公克
筍乾……200公克
客家福菜……45公克
雞高湯……適量
香菜碎……適量

調味料

醬油……100毫升
米酒或紹興酒……100毫升
五香粉……適量
蒜頭……5瓣(拍扁)
薑……2片
青蒜(或蔥)……2根
辣椒……1根
冰糖……1小匙
鹽……適量
水……適量

糖色材料

白糖……3大匙
水……2大匙
滾水……1杯

筍乾焢肉

身為客家女兒的我，筍乾焢肉是我從小吃到大的喔！
不管是逢年過節，或家中宴客，
媽媽都會端出這道拿手菜，饒大家。

小米桶的貼心建議◀

- 筍乾的酸味重，所以要先煮過再浸泡，以去除雜質與酸味。
- 煮糖色是為了讓滷出來的焢肉色澤漂亮，所以可依喜好決定是否加入，或改用老抽替代。

做法

1 將筍乾切成4~5公分段長，再放入鍋內，加上適量的水，大火煮開後熄火放至冷卻，再浸泡約半天，並且中途要多次換清水，以去除雜質與酸味

2 將客家福菜洗淨，切成3公分段長，再與做法1的筍乾放入鍋中，加入雞高湯熬煮約30~40分鐘，即為客家炆筍乾，備用

3 將五花肉切成長條狀，放入滾水中汆燙約5分鐘後，撈起沖洗乾淨，並切成適當的方塊，備用

4 取一鍋，放入糖色材料中的白糖與2大匙的水，以中火一直持續煮到產生焦糖色澤後，倒入滾水，即為糖色，備用

5 另取一鍋，放入五花肉、做法4的糖色、以及調味料，再加入稍微可淹蓋過五花肉的水量，大火煮開後轉小火滷約1小時，即為焢肉

6 將客家炆筍乾盛於盤中，再擺上滷好的焢肉，並淋上滷汁，撒上少許香菜碎，筍乾焢肉即完成

韓式燉肉

這是一道韓國節慶大菜，幾年前我與先生受邀至韓國友人家，歡度中秋佳節時嘗到的，甜鹹的醬汁以及燉煮到入口即化的燉肉，做工雖然繁複，但是好吃到讓我當場與友人討教食譜做法喔！

材料

肉較多的豬排骨.600公克
白蘿蔔......200公克
紅蘿蔔......1根
栗子......10顆
乾香菇......4朵
白果(已去殼)......15顆
(可用8顆紅棗替代)

調味料A

洋蔥......1/2個
蔥白......1~2根
蒜頭......2瓣
薑片......2片
水......
可稍微淹蓋過排骨的水量

調味料B

醬油......4大匙
砂糖......2大匙
梨子汁液......3大匙
洋蔥汁液......3大匙
蒜末......1大匙
蔥白末......1大匙
薑末......1/2小匙
香油......1大匙
乾炒過的白芝麻......1大匙

做法

1 將排骨放入滾水中汆燙後撈起洗淨，再放入鍋中，加入調味料A，大火煮滾後，轉小火煮約1小時，再將排骨撈起，並將湯汁過濾掉雜質，備用

2 趁煮排骨的時間，將白蘿蔔、紅蘿蔔切成2公分塊狀，並用刀將邊角修整圓滑，再放入滾水中快速汆燙；栗子剝去外殼與薄膜；乾香菇泡軟後，切適當塊狀；將調味料B混合拌勻，備用

3 取一鍋，放入做法1的排骨、白蘿蔔、紅蘿蔔、栗子、白果、香菇、調味料B，以及1杯做法1的煮排骨湯汁，再以中小火燉煮到收汁，即完成

小米桶的貼心建議 ▼

- 這道燉肉大多是以牛排骨來製作，但也可以替換成牛肋條，或是肉多的豬排骨，而且肉要切大塊，以免燉煮好後縮的太小。
- 在步驟3，可以蓋上烘焙紙或錫箔紙做成的蓋子，讓醬汁加速收乾，以縮短燉煮的時間。

← ● 梨子與洋蔥的汁液，可以將1/2個梨子與1/2個洋蔥，切小塊，一起放入食物調理機中攪打成泥狀，再用網勺或棉布袋擠壓出汁液。

五香雞肉捲

將雞肉捲用雞高湯以似滾非滾的狀態煮熟，
再用鹹鹹甜甜的五香滷汁浸泡至入味，是一道很適合做為宴客的冷盤前菜喔！

材料

去骨雞腿肉(含腿排)....2隻
紅蘿蔔....1根
蘆筍....4根
棉線....適量

調味料A

醬油....100毫升
米酒....2大匙
砂糖....2大匙
蒜頭....1瓣
五香粉....少許
八角....2個
水....120毫升

調味料B

薑片....2片
蒜頭....2瓣
蔥白....1~2根
雞湯塊....1塊
水....
稍微淹蓋過雞肉捲的水量

做法

1 將調味料A放入小鍋中煮滾後，再轉小火續煮約10分鐘，熄火，即為滷汁，備用

2 蘆筍洗淨，切成長度跟去骨雞腿差不多的段長；將紅蘿蔔洗淨去皮後切成4條跟蘆筍相同粗細的長條狀，備用

3 將雞腿肉攤平，並用刀將肉較厚處切下部份，並填補在肉較薄的地方，再放上做法1的蘆筍2支與紅蘿蔔2支，捲起並用棉線捆綁成肉捲，另一份雞肉也依相同方式捲成肉捲，備用

4 取一鍋，加入調味料B煮滾後，放入雞肉捲續煮至滾，再轉極小火，以似滾非的狀態煮約20分鐘，將雞肉捲撈起泡入冰水中降溫後，再撈起瀝乾水份，連同做法1的滷汁裝入夾鍊式保鮮袋中，浸泡約2~3小時至入味，即可取出切片食用

小米桶的貼心建議 ▼

- 勿選用過粗的蘆筍，以免不好包捲，或是雞肉不捲任何配料，直接用棉線捆綁成肉捲。
- 如果沒有棉線，也可以改用錫箔紙來包捲雞肉喔！

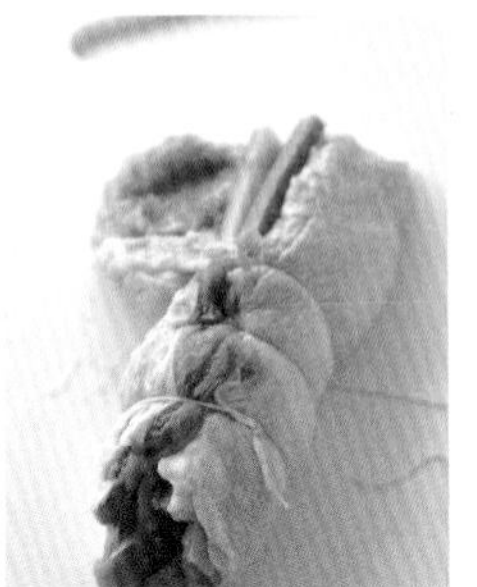

紅酒燉梨

紅酒燉梨是一道簡易的西式甜點，用香醇微酸的紅酒以及特殊氣味的香料，將梨子慢燉至入味，軟糯的梨子吃起來是香香甜甜的完全沒有酒味喔！

材料

西洋梨……小型的6~8個
紅酒……1瓶(750毫升)
白糖……120公克
肉桂棒……1支
丁香……8粒
月桂葉……2片
黃色檸檬……1/4顆

做法

1. 將西洋梨削去外皮，但要保留頂部的蒂頭，備用；用刨皮刀將1/4顆的黃色檸檬皮刨下，但不要刨到白色的部份，備用
2. 將紅酒、白糖、肉桂棒、丁香、月桂葉、檸檬皮，放入鍋中，煮至糖溶化後，加入去皮的西洋梨，小火燉煮約30分鐘
3. 再將燉好的梨連同汁液，小心的移到大玻璃碗或是耐熱保鮮盒，靜置冷卻後，再放入冰箱冷藏1天，即可食用

小米桶的貼心建議 ▲

- 盡量勿選擇成熟過軟的西洋梨，稍硬的較佳。香料也可以使用八角喔。
- 白糖可依紅酒的酸度，或依個人喜好來斟酌用量。
- 刨檸檬皮時，不要刨到白色的部份，以避免產生苦味。
- 燉好的梨等1~2天後，更入味、更好吃。
- 可以連同汁液一起加熱食用，或是搭配香草冰淇淋，更能提升紅酒梨的美妙滋味。

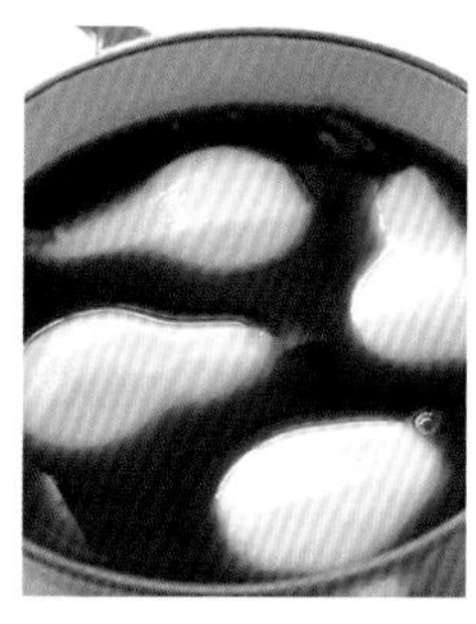

Boil

煮出健康真風味

「煮」就是將食物放入加有適量水的鍋中煮熟，或煮至熟軟入味，通常煮的時間較燉滷要短，只要將食材放入鍋中，再加入少量的水或高湯，以及調味料，就能簡單快速的完成一道健康零油煙的美味料理喔！

煮的美味重點

- 除了類似以大量水煮而成的煮物料理之外，例如：白切雞、白灼蝦，一般煮物使用到的水量或醬汁份量並不多，因此在煮的過程中就要更加注意，如何確保煮物是否都能夠完全接觸到醬汁達到入味，又能夠不因翻動而破壞煮物的形體，那麼我們該怎麼辦呢？其實 我們可以學習喜愛煮物的日本人的聰明方法，日本人在製作煮物時，習慣用一個木製的蓋子放在鍋裡，蓋在食材上，這個放在食材上的蓋子稱為"落し蓋 (otoshibuta)"它的好處是：
  - 加速食材的入味，以縮短烹煮時間並能節省能源。
  - 能讓魚類或根莖類的食材，在烹煮完成後，還能保持完整，不鬆散開來。
  - 尤其是在烹煮醬汁較少的煮物時，更需要使用蓋子來讓食材均勻入味。
  - 如果不希望料理在烹煮的過程中，蒸發掉過多湯汁，可以蓋上落蓋後，再加蓋鍋子的鍋蓋，就可達到落蓋的效果又能保有湯汁。

自製落し蓋

在日本有很多不同材質的落し蓋，有木製的、不鏽鋼的、也有耐熱矽膠材質的，我們則可以利用簡易的方法，比如：烘焙紙，或是錫箔紙，來自製簡易的落し蓋。

方法為：先將烘焙紙裁成跟鍋蓋直徑差不多大小的圓形，並在上面裁幾個小洞，做為氣孔，這樣就是一個簡單又能達到效果的落し蓋囉！

壽

鮪魚煮馬鈴薯

這是一道很家常的日式煮物，
看似完整的馬鈴薯，咬一口
才驚喜的發覺，竟是鬆鬆的美味口感喔！

材料

馬鈴薯.......拳頭大小的2個
油漬鮪魚罐頭.................1罐
蔥花...................................少許
清水.......................... 100毫升

調味料

醬油................................1大匙
米酒................................1大匙
味醂................................1大匙

做法

1 將馬鈴薯去皮切大塊，鮪魚罐頭瀝去汁液，備用

2 取一鍋，放入馬鈴薯塊、罐頭鮪魚，加入清水以及調味料

3 蓋上鍋蓋，小火煮至馬鈴薯熟軟，起鍋前再灑上蔥花，即完成

小米桶的貼心建議 ▼

- 日式蔬菜類的煮物，『味醂』是個很重要的角色，它可以讓蔬菜類在燜煮過後，還能完整的保持形狀不鬆散開來喔！

客家福菜燜苦瓜

福菜又名「覆菜」是著名的客家醃菜，最常見的料理方法就是煮湯。
利用福菜的甘香，苦瓜微苦的滋味，以及提鮮的大骨高湯，
既營養又美味。

材料

梅花肉......................200公克
苦瓜.....................................1條
客家福菜...................50公克
薑..3片
高湯..........................500毫升
鹽...適量

做法

1 豬肉洗淨切片；苦瓜洗淨去籽、去內部白膜、切塊；福菜洗淨切段，備用

2 取一鍋，放入豬肉片、苦瓜、福菜、薑片、高湯

3 大火煮至滾後，轉小火蓋上鍋蓋，燜至苦瓜熟軟，再加鹽調味，即完成

小米桶的貼心建議 ▼

- 苦瓜預先放入滾水中汆燙，就可以去除大部份的苦味。
- 也可以將梅花肉替換成丁香魚乾，或排骨(排骨要先煮至軟爛後，才加入苦瓜與福菜)。

材料

- 雞中翅 12隻
- 薑 2片
- 蒜頭 2瓣
- 辣椒 1/2根
- 水煮蛋 2個

調味料

- 鎮江香醋 5大匙
- 醬油 3大匙
- 紹興酒 3大匙
- 冰糖 1又1/2大匙
- 八角 1個
- 水 100毫升

小米桶的貼心建議 ◀

- 香醋可用烏醋或日本黑醋替代。
- 將烘焙紙或錫箔紙做成的蓋子，蓋在雞翅的上面，可以幫助均勻入味。
- 除了水煮蛋之外，也可加入海帶結（昆布結）、泡發的乾香菇、或是汆燙過的白蘿蔔。

黑醋燒雞翅

帶有柔和酸味與甜味的黑醋，最適合用來烹煮肉類，
不但能縮短燉煮至入味的時間，而且還能讓肉質保持鮮嫩的口感喔！

做法

1. 將雞中翅放入滾水中汆燙後，撈起備用；薑切片；蒜頭切片；辣椒去籽，備用
2. 取一鍋，放入做法1的雞中翅、薑片、蒜片、辣椒，以及水煮蛋與調味料，蓋上烘焙紙或錫箔紙做成的蓋子，大火煮滾後轉小火燜煮約15分鐘，即完成

青花魚味噌煮

味噌的用途非常廣泛，除了煮味噌湯之外，
從醃漬小菜、料理的淋醬或拌醬、燉煮料理、
燒烤料理、到鍋類湯底...等，都能運用味噌來調味。

材料
青花魚........................1條
薑絲..........................適量

調味料A
米酒........................1大匙
水........................200毫升
薑..........................3片

調味料B
紅味噌....................3大匙
米酒............1又1/2大匙
味醂............1又1/2大匙

做法

1. 將調味料B混合均勻備用；青花魚去骨切成適當的長段，並在每段魚片表面上用刀劃切十字，再放入滾水中汆燙，以去除魚身的髒汙，再撈起洗淨，備用
2. 取一鍋，放入調味料A煮至滾後，加入做法1的魚片，邊煮邊用湯匙舀起湯汁淋在魚身上約10分鐘
3. 再加入先前拌勻的調味料B，續煮約3~5分鐘後，盛盤擺上薑絲，即完成

小米桶的貼心建議 ▶

- 紅味噌製作時發酵的時間較長，色較深，口味也較重，所以很適合用來烹煮腥味較重的食材，如果買不到紅味噌，則以普通的味噌替代即可。

味噌煮牛肉

牛肉加上洋蔥與味噌是很不錯的搭配組合。
鹹鹹的味噌、自然甘甜的洋蔥、以及牛肉特殊香氣，
會讓人不知不覺地多吃一碗飯喔！

材料

牛肉薄片..........400公克
洋蔥..............中小型1個
蒟蒻絲..............1/2包
薑..............5片
蔥花..............適量
水..............200毫升

調味料

味噌..............3大匙
味醂..............3大匙
米酒..............3大匙

做法

1 將調味料混合均勻備用；牛肉薄片切成適當段長；薑切絲；洋蔥切絲；蒟蒻絲切成一口的段長，再放入滾水中汆燙後，撈起瀝乾水份，備用

2 取一鍋，放入水與薑絲大火煮至滾，再將牛肉薄片一片一片地放入鍋中，邊煮邊撈除浮沫，再加入洋蔥絲、蒟蒻絲、先前拌勻的調味料，煮約10分鐘後，撒上蔥花，即完成

小米桶的貼心建議 ▲

- 煮汁要煮滾後才可以放入牛肉薄片，而且邊煮邊將浮沫撈除。

香菇瓜子雞

鹹中帶甜的香菇瓜子雞，可以用蒸，也可以用燉煮的方式。
是一道不管大人或小孩，都會喜歡的雞肉料理。

材料

去骨雞腿肉............400公克
醬瓜罐頭............1小罐
香菇............6朵
薑片............3片
清水............100毫升
香油............1小匙

調味料

醬油............1小匙
米酒............1大匙
鹽............少許
太白粉............1/2小匙

做法

1 將乾香菇泡軟切小塊；雞肉切成一口大小，加入調味料拌勻，醃約15分鐘至入味備用
2 取一鍋，放入香菇、薑片、醬瓜、醬瓜汁液、清水煮滾後，再放入雞肉邊煮邊去除浮末，至雞肉熟透，起鍋前滴入香油，即完成

小米桶的貼心建議 ◀

- 也可以替換成帶骨的雞肉，並加上適量的水，燉煮成香菇瓜子雞湯喔！

什錦豆腐羹

用蝦頭、蝦殼熬煮成湯底，再搭配豐富的食材配料，每一口都是濃郁的鮮蝦味。而且配色討喜，做法又很簡單，非常適合作為年節宴客菜喔！

材料

鮮蝦……12尾
嫩豆腐……1盒
雞胸肉……100公克
鮮香菇……2朵
荷蘭豆……30公克
雞蛋……2個
薑……2片
高湯……900毫升
鹽……適量
白胡椒粉……適量
太白粉……2大匙
香油……1小匙

雞肉調味料

米酒……1小匙
白胡椒粉……適量
鹽……適量
太白粉……1/2小匙

做法

1 將鮮蝦剝成蝦仁，並去除腸泥洗淨，備用；再將剩下的蝦頭、蝦殼加入高湯煮約15分鐘後，瀝出湯汁成為蝦高湯，備用

2 雞胸肉切成小塊，加入調味料拌勻醃約10分鐘；嫩豆腐切成1公分方塊；鮮香菇洗淨切片；荷蘭豆去頭尾、撕老筋，並洗淨；雞蛋攪打均勻成蛋液；太白粉加入1大匙的水調成太白粉水，備用

3 取一鍋，加適量的水煮滾後，淋入份量外1大匙的米酒，再將做法1的蝦仁、做法2的雞肉、荷蘭豆，汆燙至7分熟後，再撈起瀝乾水份，備用

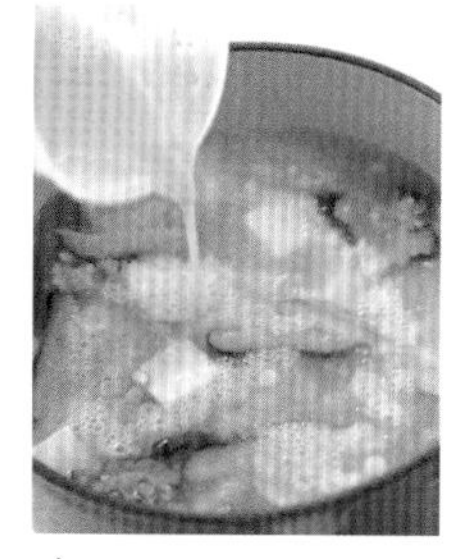

4 另取一鍋，加入做法1的蝦高湯、薑片、鹽、白胡椒粉，煮滾後，加入燙過的蝦仁、雞肉、香菇、豆腐，煮至湯滾，再加入太白粉水勾芡

5 等湯再次滾沸時，再加入蛋液、荷蘭豆，續煮至滾，起鍋前滴入香油，即完成

小米桶的貼心建議 ▲

- 配料可以自由變化，比如：蟹肉、魚柳、花枝、蛤蜊、玉米粒、青豆仁、筍片...等等。

蘿蔔乾煮油豆腐

這是一道很適合下酒或是作為便當飯盒的小菜。
鹹鹹甜甜煮到入味的油豆腐，搭配吃起來脆脆的蘿蔔乾，非常具有層次變化的口感。

材料

蘿蔔乾絲……30公克
油豆腐……1塊
乾香菇……3朵
紅蘿蔔……1/2根

調味料

高湯……200毫升
醬油……2大匙
米酒……1大匙
糖……1大匙
鹽……適量

做法

1 將蘿蔔乾絲清洗乾淨後，用清水泡約20分鐘，再撈起擠去水份，並切成適當段長，備用
2 紅蘿蔔去皮洗淨切絲；香菇泡軟後洗淨切絲；油豆腐放入滾水中汆燙約1分鐘，再撈起切成厚度約0.5公分的片狀，備用
3 取一鍋，放入蘿蔔乾絲、香菇絲、紅蘿蔔絲、油豆腐、以及調味料，蓋上烘焙紙或錫箔紙做成的蓋子，大火煮滾後轉小火燜煮約15分鐘，即完成

小米桶的貼心建議 ▲

- 油豆腐預先放入滾水中汆燙，可去除多餘的油脂與油耗味。
- 燜煮時，蓋上烘焙紙或錫箔紙做成的蓋子，可讓食材更均勻入味。

雞肉蒟蒻煮

這一道很家常的日式雜煮，用草莓果醬來替代味醂與糖，讓這道家常煮物，除了保有原來的甜鹹滋味，還多了一股完全不搶味的清淡果香。

材料

去骨雞腿肉……250公克
蒟蒻……1包
紅蘿蔔……1/2根
荷蘭豆……20公克

雞肉醃料

醬油……1小匙
米酒……1小匙
太白粉……1小匙

調味料

醬油……2大匙
米酒……3大匙
草莓果醬……3大匙
水……100毫升

做法

1. 雞肉洗淨，切成一口大小的塊狀，再加入醃料拌勻，醃約15分鐘，再放入滾水中汆燙至7分熟後，撈起瀝乾水份，備用
2. 將蒟蒻切成一口大小的塊狀，放入滾水中汆燙約2分鐘，再撈起瀝乾水份，備用
3. 紅蘿蔔以滾刀方式切成一口大小的塊狀；荷蘭豆去頭尾、撕老筋，洗淨；再將紅蘿蔔、荷蘭豆放入滾水中汆燙，再撈起瀝乾水份，備用
4. 取一鍋，將調味料放入鍋中拌勻，再加入雞肉、蒟蒻、紅蘿蔔，蓋上烘焙紙或錫箔紙做成的蓋子，大火煮滾轉小火燜煮約15分鐘後，再加入荷蘭豆續煮至滾，即完成

小米桶的貼心建議 ▼

- 也可以加入預先汆燙的蓮藕、竹筍、牛蒡。
- 草莓果醬可以替換成→2大匙的味醂加上1大匙的紅糖(砂糖亦可)。

綠咖哩椰汁雞肉

香醇濃郁的椰奶配上咖哩香料的香味與滑嫩的雞肉，
不論是配飯還是麵包沾著吃，都非常的適合，就算單用醬汁來拌飯，也夠讓人回味無窮。

材料

雞胸肉……500公克
泰國圓茄子……200公克
檸檬葉……6片
紅辣椒……1～2根
九層塔……適量
鮮奶……300毫升
太白粉……1小匙

調味料

綠咖哩醬……2大匙
椰奶……600毫升
魚露……2大匙
椰糖……1大匙

做法

1 將雞肉切成條狀後，拌入1小匙的太白粉，備用；圓茄子切成4瓣，再泡鹽水以防止快速氧化變黑；檸檬葉撕成二半；紅辣椒切長條；九層塔洗淨，備用

2 將椰奶倒入鍋中，以小火加熱至滾，再續滾約3分鐘後，加入綠咖哩醬拌炒均勻，再加入圓茄子、鮮奶、檸檬葉、魚露、椰糖，煮至茄子變軟

3 再將做法1的雞肉放入做法2的鍋中煮熟後，再加入紅辣椒、九層塔拌勻，即完成

小米桶的貼心建議 ▲

- 為了避免雞肉煮過老，所以將雞肉拌入少許太白粉，以保持鮮嫩多汁，並且在烹調手法上做點變化，先將茄子煮熟，再放入雞肉，這樣就可以煮出鮮嫩香滑的綠咖哩雞囉！
- 椰奶一開始要以小火加熱至表面浮起油珠的狀態，才加入綠咖哩醬。
- 雞胸肉可以替換成去骨雞腿肉或是牛肉；牛奶可以用清水或椰奶替代；椰糖則可替換成黃砂糖。

壽喜燒風味煮物

壽喜燒是早期的日本農民料理，
將喜愛的食材通通放入鍋中，
用重甜重鹹的醬汁烹煮而成的乾式火鍋，
後來傳入台灣也漸漸融入了在地的風格，
成為湯汁較多的壽喜煮。

材料

牛肉薄片...300公克
豆腐......1塊
蒟蒻絲......1包
金針菇......1把
洋蔥...中小型的1個
蔥......4根
水煮蛋包......4個
七味唐辛子......少許

調味料

醬油......4大匙
米酒......5大匙
糖......2大匙
水......300毫升
(若能用昆布高湯更好)

做法

1. 牛肉切成適當段長；洋蔥切絲；蔥切斜段；豆腐切成1公分厚的片狀；金針菇去蒂，再洗淨瀝乾；蒟蒻絲切成一口的段長，再放入滾水中汆燙後，撈起瀝乾水份，備用
2. 取一平底鍋，將調味料放入鍋中煮至滾，再依序將牛肉、洋蔥絲、蔥段、豆腐、金針菇、蒟蒻絲，排入鍋中，蓋上鍋蓋，以中火燜煮約10分鐘
3. 將做法2的牛肉壽喜燒平均盛入4個小碟，並放入水煮蛋包，再撒上少許的七味唐辛子，即完成

小米桶的貼心建議 ▲

- 水煮蛋包的作法：鍋內加入適量的水，煮滾後轉最小火，並加入1小匙的白醋與少許鹽，將雞蛋打入小碗中，再倒入鍋裡，煮至想要的熟度即可。

鮪魚泡菜鍋

鮪魚泡菜鍋是我最喜愛的韓式砂鍋湯類，
酸酸辣辣的會讓人不知不覺的想多添一碗飯喔！

材料

泡菜……200公克
鮪魚罐頭……1罐
洋蔥……1/2個
豆腐……1/2塊
大蔥……1/3根
紅辣椒……1/2根
綠辣椒……1/2根
洗米水……700毫升

調味料

韓式辣椒醬……1又1/2大匙
韓式味噌醬……1/2大匙
醬油……1小匙
蒜泥……1小匙

做法

1 將洋蔥、泡菜，切成一口大小；紅辣椒、綠辣椒、大蔥切斜片；豆腐切片；鮪魚罐頭瀝去汁液，備用
2 取一鍋，放入做法1的洋蔥、泡菜、罐頭鮪魚、所有調味料，以及洗米水，大火煮滾轉小火續煮約10分鐘
3 再將豆腐放入鍋中，煮約3分鐘，起鍋前加入紅辣椒、綠辣椒、蔥片煮至滾，即完成

小米桶的貼心建議 ▲

- 配料中也可以加入菇類、茼蒿。
- 用洗米水煮出的味道較濃郁。也可將洗米水替換成以小魚乾、昆布熬煮的高湯。
- 可以先將韓式辣椒醬、味噌醬以網勺盛裝，然後放在洗米水中，用湯匙攪拌融解。

酒煮千層白菜

簡單的做法搭配上簡單的食材，創造出不簡單的滋味！
鮮甜的白菜與豬肉沾上酸酸的醋醬油，既清爽又好吃。

材料

白菜……1/2顆
豬肉薄片……400公克
紅蘿蔔……1/2根

調味料

米酒……150毫升
水……300毫升
鹽……1小匙
胡椒粉……少許

醋醬油

醬油……2又1/2大匙
新鮮檸檬汁……1大匙
糖……1小匙
冷開水……3大匙
白蘿蔔泥……4大匙
蔥花……1大匙

做法

1 將醋醬油混合均勻，備用；紅蘿蔔去皮洗淨切細絲；白菜洗淨，瀝乾水份，備用

2 將每一片白菜葉掀開，均勻舖上豬肉薄片與紅蘿蔔絲，再用刀切成4~5公分長段，備用

3 取一鍋，將做法1的白菜豬肉以切斷面朝上的方式塞入鍋中，加入調味料，蓋上鍋蓋，大火煮滾，轉小火燜煮至白菜熟軟後，再蘸醋醬油食用，即完成

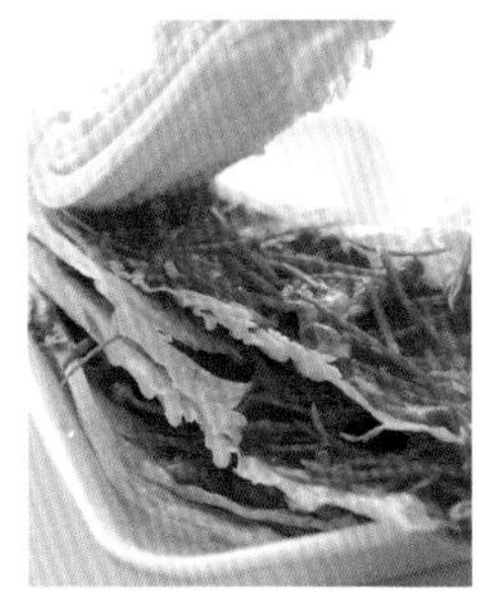

小米桶的貼心建議 ▼

- 也可以將白菜、豬肉先切成4~5公分長段，再一層白菜、紅蘿蔔絲，一層豬肉的方式，疊放入鍋中。
- 煮的過程，如果覺得水量不夠，可以適時加入少許水。

白酒煮蛤蜊

這是一道充滿義大利風味的開胃菜，以白葡萄酒蒸煮的方式，讓肉質鮮美的蛤蜊融合了酒香，加上蒜末、番茄與九層塔的香氣，將蛤蜊的鮮甜甘美完全展現出來。

材料

蛤蜊……600公克
蒜頭……2瓣
洋蔥……1/4個
番茄……1/2個
九層塔……適量

調味料

白葡萄酒……250毫升
橄欖油……1又1/2大匙
粗粒黑胡椒粉……1/4小匙

做法

1 將蛤蜊放入加了少許鹽的水中，浸泡半天，使其吐沙後，再將外殼刷洗乾淨，備用
2 將番茄去皮去籽後，切碎；蒜頭、洋蔥、九層塔也切成碎末，備用
3 取一鍋，放入調味料、番茄碎、蒜頭碎、洋蔥碎，煮至滾，再將蛤蜊放入鍋中，續煮至蛤蜊打開後，再撒上九層塔碎末拌勻，即完成

干貝娃娃菜

娃娃菜極適合與各種肉類或海鮮乾貨同煮，而且愈煮愈能吸收配煮食材的味道，滋味鮮美極了！用干貝來燜煮娃娃菜，簡單又好吃，是一道完美的宴客菜喔！

材料

娃娃菜……400公克
干貝……3大顆
蒜頭(切片)……1瓣
高湯……300毫升
米酒……適量
太白粉……1小匙
香油……1小匙

做法

1 將干貝放入小碗中，倒入米酒(稍微醃蓋過干貝的份量)，放入電鍋蒸約1小時，使其泡發，取出待涼後，再捏成絲狀，備用
2 將每顆娃娃菜剖成4瓣並洗淨，再放入滾水中汆燙至軟後，瀝乾水份，備用
3 取一鍋，放入高湯、娃娃菜、蒜片、做法1的干貝絲(連同干貝湯汁)，煮滾後轉小火燜煮至娃娃菜熟軟，再將娃娃菜夾起盛於盤中，備用
4 將做法3的湯汁續煮至滾後，加入太白粉水勾欠，並滴入香油拌勻，最後再將干貝芡汁淋入娃娃菜，即完成

小米桶的貼心建議 ◀

- 也可以將橄欖油替換成動物性奶油喔！
- 蛤蜊本身已經具鹹味，所以鹽可依喜好酌量加入。

小米桶的貼心建議 ▶

- 干貝與高湯本身已經具鹹味，所以鹽可依喜好酌量加入。
- 干貝可以一次多蒸一些，冷卻後連同湯汁放入製冰盒，凍成干貝冰磚，日後隨時都能取用。
- 娃娃菜可替換成芥菜心、蘆筍或是絲瓜。

南瓜糊糊

甜中帶鹹的南瓜糊糊，是韓國的餐前開胃粥品，濃稠的米香混著南瓜的香甜，營養又好消化。
冬天熱呼呼的喝，可以溫暖全身，夏天放涼再喝，則可以消暑開胃。

材料

南瓜..........500公克
(去皮取籽後)
白米或糯米..........50公克
昆布高湯..........3杯
冰糖..........2大匙
(可依喜好調整用量)
鹽..........1/4小匙

做法

1 將米洗淨後，加入份量外的1杯清水，浸泡約2~3小時，再用果汁機打碎，備用
2 南瓜洗淨，去皮、去籽後，切成適當的塊狀，放入蒸鍋中蒸至熟軟，再將南瓜肉搗成泥狀，備用
3 取一鍋，放入做法1的碎米漿，再加入昆布高湯、冰糖，以小火邊煮邊攪拌至濃稠糊狀後，再加入南瓜泥混合均勻，續煮至滾，再加鹽調味，即完成

小米桶的貼心建議◀

- 可以預留少許蒸熟的南瓜，或是用松子、南瓜子、紅棗做裝飾。
- 可以在完成的南瓜糊糊中加入蜜紅豆、蜜栗子、湯圓...等等的配料。
- 昆布高湯可替換成清水加上市售的柴魚調味粉，調成的速成高湯。

Gratin & Roast

無煙去油原味焗&烤

用烤箱作菜簡單又方便，只要把食材洗一洗、切一切，加入醬料醃漬入味後，以錫箔紙包裹，或是置於烤盤上，再放入烤箱中烘烤，時間一到，香噴噴的美味料理就出爐囉！完全不必煩惱火候與烹調技術的問題，也不會有油煙的困擾，而且食材經過烘烤後，更能去除多餘油脂，十分符合健康概念，是值得推廣的烹調方式喔！

烤箱烹調的美味重點

- 在進行烘烤之前，烤箱一定要事先預熱至指定的溫度，這樣食材進入烤箱後才能達到正確的熟成標準。一般預熱的時間約10分鐘或以上，烤箱越大或指定溫度越高，所需的時間就會越長，簡單的辨認方法，也就是當加熱指示燈熄掉，即代表預熱完成。
- 烘烤時不可經常打開烤箱門，這會讓烤箱內部溫度下降，而影響食材的熟成。
- 每一台烤箱的溫度狀況不太一樣，加上食材體積大小的不同，都會影響烘烤的時間，所以在製作時要多多試探，不要完全照本宣科，以便徹底瞭解家中烤箱的脾氣，再適時的加以應變與調整。
- 沒有溫度設定的小烤箱，其實也是可以用來做出許多的烘烤料理，只要在烘烤時，多加關注，並善用加蓋錫箔紙的隔熱效果，再藉由食物的香味及顏色來判斷烤熟與否，這樣就能輕鬆烘烤成功。

烤箱的器具與烤皿

- 除了烤箱本身附帶的烤盤、烤架之外，錫箔紙與烘焙紙也是烤箱的好幫手，讓食材底部不易沾黏。
- 烤箱可以使用的器皿很廣泛，比如：耐熱的玻璃器皿、陶瓷器皿、常見的錫箔盒、烘焙點心專用的模具。

盤烤架不沾黏的方法

- 烤盤可以先墊上一張錫箔紙，再刷上沙拉油或是奶油，(若是墊烘焙則不需刷油)，烤完即丟，省去辛苦清洗的步驟。
- 烤架除了可以刷上沙拉油或是奶油之外，也可以用錫箔紙包裹住烤架後，再用刀子劃出刀痕，讓食材在烘烤時，油脂可以順利滴漏至墊底的烤盤。

自製烤架

(方法一)
將錫箔紙以扇形折法折好後，稍微攤開就是簡易的烤架囉！而且折子數越多，能夠載重的重量就越重。
(方法二)
取一張錫箔紙，用手隨意揉成一糰，再攤開，就完成超級簡單的烤架囉！

蜜汁叉燒

蜜汁叉燒

感謝好友小三(http://hk.myblog.yahoo.com/joeyaysy)，將珍貴的叉燒老秘方，
不藏私的教授於我。叉燒肉的味道非常非常的棒，烤出的叉燒比一般店舖賣的還要好吃喔！

材料

梅花肉……600公克
(分2條，每條長約9吋，寬約2吋)
紅蔥頭……4~5粒
沙拉油……6大匙

叉燒醬料

醬油……1大匙
白糖……3大匙
鹽……1/4小匙
雞精粉……2小匙
五香粉……1小匙
胡椒粉……2小匙
蔥油……4大匙
芝麻醬……1/2小匙
南乳……2塊
南乳汁液……1大匙
紅麴粉……1/2小匙
(主要增加色澤，也可省略)

調味料

雞蛋……1個
太白粉……1/2小匙
玫瑰露酒……1小匙
(可用米酒替代)

蜜糖水

麥芽糖……100公克
白糖……2大匙
開水……1大匙
鹽……1/2小匙
薑……薄薄的1片

做法

1 將紅蔥頭去外皮後，橫向切薄片，再用6大匙的沙拉油炸至微變金黃時，用網勺過濾蔥酥與蔥油，再取4大匙的蔥油做為叉燒醬料，備用
2 將叉燒醬料中的南乳壓成泥狀，再與其餘材料混合均勻後，用乾淨的玻璃罐盛裝，並放入冰箱冷藏保存，備用
3 梅花肉洗淨，用廚房紙巾將水份擦乾，再取做法2的3大匙叉燒醬，與梅花肉混合均勻後，加入調味料拌勻醃約45分鐘，備用
4 將蜜糖水的材料以隔水加熱的方式至糖溶化，成為叉燒的蜜汁刷料，備用
5 將烤盤墊上錫箔紙，架上烤架，並且放上醃好的肉，送入已預熱的烤箱，以攝氏250度烤約15分鐘，翻面再烤10分鐘，再取出刷上蜜糖水，再放回烤箱以攝氏200度烤8~10分鐘，取出後再於兩面塗上蜜糖水，等降溫後即可切片食用
6 或是將白飯盛於碗中，擺上切片的蜜汁叉燒、少許的燙青菜、與一顆半熟荷包蛋，就成為電影食神裡，那碗吃了讓人感動流淚的黯然銷魂飯囉！

小米桶的貼心建議 ▼

- 調拌好的叉燒醬可以用來製作3斤(1800公克)的叉燒肉。用不完的叉燒醬以乾淨的玻璃罐盛裝，並放入冰箱冷藏，可保存半年。
- 用1大匙的八角以調理機現打成粉粒狀，來替代叉燒醬中的五香粉，會讓醬味更香濃喔！
- 購買梅花肉時，可以請肉舖幫忙以直紋的方式，切成每條長約9吋，寬約2吋的大小。
- 梅花肉清洗乾淨後要將水份充滿擦乾，否則會沖淡叉燒醬的鹹度，且讓醬不易附著在肉上。
- 醃肉時每隔10分鐘將肉稍微翻拌，讓味道更均勻，而且只需醃約30~45分鐘即可，醃過久肉質會失去過多水份，讓烤好的叉燒不夠軟嫩。
- 叉燒烤出漂亮的色澤，烤的火侯很重要，燒味店的叉燒是用掛爐燒烤而成的，火力夠大夠猛，且都會燒到外表帶有焦黑，再將焦黑的部份去除，而我們自己在家製作時，只要烤到表面稍微金黃焦脆即可。
- 港式燒味或滷味習慣使用玫瑰露酒，酒中帶有特殊的淡淡玫瑰花香，若以我們的酒類來比較的話，有點像高粱酒裡加了玫瑰味。在台灣較不易購買，則可使用高粱酒來替代，或是簡單的以米酒就行。

食材小貼士 tips

◎ 叉燒可以用小里肌肉或是梅花肉來製作，但梅花肉帶有少許肥肉，所以口感較好。

◎ 以調理機現打成粉粒狀的八角粉。

◎ 帶有淡淡玫瑰花香的玫瑰露酒，酒精濃度高達54%，嘗起來的味道就像有玫瑰味的高粱酒。

◎ 用紅麴發酵製成的南乳，除了增加醬料的香味，還能增加些豔紅色澤。

◎ 店鋪的叉燒都會添加食用色素來增色，家庭自製時可以使用紅麴粉來替代，可在烘焙材料店購得。

奶油香草烤雞

烤雞看似繁瑣困難，卻是我偷懶時專門用來餵養老公的懶人料理，
只要把根莖蔬菜切一切，全雞抹上油、海鹽、與現磨黑胡椒，再加幾株香草，
就可以放進烤箱，等著開飯啦！

材料

雞......1隻(約2~3斤)
洋蔥......1個
紅蘿蔔......1根
馬鈴薯......1個
西芹......2根
檸檬......1個
海鹽......1大匙
(粗鹽或一般的鹽)
粗粒黑胡椒粉......適量
橄欖油......1大匙

調味料

動物性奶油......80公克
迷迭香碎......2大匙
百里香碎......2大匙
蒜末......1小匙

做法

1 將奶油放置室溫回軟後，加入迷迭香碎、百里香碎、蒜末，混合均勻成為香草奶油，備用
2 將紅蘿蔔、馬鈴薯去皮切大塊，洋蔥去膜切大塊，西芹也切大塊後，再加入1大匙橄欖油拌勻鋪在烤盤上，備用
3 雞洗淨，用廚房紙巾將雞內外的水份擦乾後，幫雞按摩幾下，使肉質放鬆，再將香草奶油塗抹於雞皮與雞胸肉之間，再把剩下的香草奶油抹在雞的外皮，並均勻撒上海鹽與黑胡椒粉
4 取一檸檬，在桌面上滾動壓軟，再用叉子稍微刺幾下後塞入雞肚裡，並用棉繩將雞腿綁起固定，放進鋪有蔬菜的烤盤中，再送入已預熱的烤箱，蓋上錫箔紙以攝氏200度烤約40分鐘，再將錫箔紙拿開烤約30分鐘，從烤箱取出約等15分鐘後，即可用刀切下雞肉食用

小米桶的貼心建議 ▼

- 可以直接將整株香草、蒜頭、奶油放入食物調理機中攪打均勻，若是沒有新鮮香草，則可用乾燥的來替代。
- 烤的前半段先蓋錫箔紙，可以防止雞的外皮太快烤上色，而內部還未熟。
- 如果希望雞皮可以烤得更酥脆上色，可以在底部墊起烤架，並且每隔20分鐘將流至烤盤裡的油脂，以湯匙舀起淋在雞身上。

海鹽烤蝦

蝦子的料理方法多變化，煎、煮、烤、炸、拌，樣樣都好吃。
將鮮蝦沾裹混入新鮮檸檬皮碎屑的海鹽烤熟，讓鮮甜的蝦肉帶點淡淡的檸檬清香。

材料

鮮蝦……12隻
檸檬……1/2個
竹籤……12支

調味料

米酒……1大匙
海鹽……適量

做法

1 將鮮蝦用剪刀剪去尖刺、頭鬚，再去除腸泥，洗淨瀝乾水份後再拌入米酒醃約10分鐘
2 將檸檬皮刮下切成碎末再與海鹽混合均勻，備用
3 將做法1的鮮蝦用竹籤串起，撒上適量檸檬海鹽，送入已預熱的烤箱，以攝氏200度烤約8分鐘，即完成。食用時再搭配新鮮檸檬片增味

小米桶的貼心建議 ▲

- 用米酒醃蝦時可以加入拍扁的蔥段與薑片，增加香氣。
- 檸檬皮碎可以替換成迷迭香，或是粗粒黑胡椒粉。

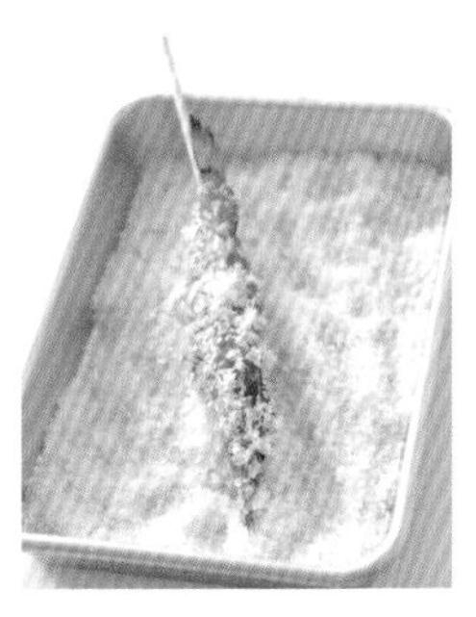

份量 4～6人 準備 20min 烹煮 15min

香烤甘蔗蝦

甘蔗蝦是典型的越南菜，把去了殼的新鮮蝦肉，剁碎成蝦泥後，包捲在甘蔗枝上，再入鍋油炸或是碳火燒烤。蝦肉吃起是鮮美有彈性，而且還帶有甘蔗的清甜喔！

材料

新鮮蝦仁……300公克
豬肥肉……50公克
蒜末……1小匙
甘蔗……30公分段

調味料

蛋白……1個
魚露……1小匙
糖……1/2小匙
鹽……1/4小匙
白胡椒粉……適量

做法

1 將甘蔗削去外皮，平均切成12支，寬1公分、長10公分的段長；蝦仁挑去腸泥，洗淨瀝乾水分；豬肥肉放入滾水中汆燙後，撈起切成小丁，備用
2 將蝦仁、豬肥肉丁、蒜末、所有調味料，以食物調理機攪打成泥狀，備用
3 手沾少許清水，取適量的蝦泥放在掌心，壓成餅狀後，放上甘蔗枝，並用手將蝦泥包裹住甘蔗枝，且甘蔗的兩端要露出約2公分，重複此動作至材料用畢
4 將烤盤舖上錫箔紙，並刷上適量的沙拉油，再擺上做法3的甘蔗蝦，送入已經預好熱的烤箱，以攝氏180度烤約15分鐘，即完成 (食用時，可沾魚露、或椒鹽、或泰式甜辣醬)

小米桶的貼心建議 ▲

- 豬肥肉可替換成2大匙的沙拉油；甘蔗段也可替換成香茅。
- 蒜頭要切碎或磨成泥狀後，才與蝦仁一起打成泥，否則蒜頭會不易打碎。
- 如果沒有食物調理機，則可以改用菜刀將蝦仁、豬肥肉剁碎成泥狀，再與調味料混勻。

蜜汁烤雞翅

簡單的烤雞翅，只要一碗白飯，加上吸收雞翅精華的墊底洋蔥，再配上一份清爽生菜沙拉，就是讓人很滿足的一餐飯喔！

材料

雞翅............................12隻
洋蔥................大型的1個
蜂蜜..........................2大匙
竹籤............................12支

醃汁用料

醬油..........................3大匙
米酒..........................2大匙
糖..........................1/2小匙
蒜末......................1/2小匙
薑末..............................少許
五香粉..........................少許
白胡椒粉......................少許

做法

1 雞翅洗淨後用廚房紙巾擦乾水份，再用牙籤在雞翅上戳幾個小洞以幫助入味，備用

2 將醃汁用料充分混合均勻，加入雞翅拌勻後，再放入冰箱冷藏醃約1小時後，取出用竹籤串起，備用

3 將洋蔥切粗條，鋪在墊了錫箔紙的烤盤上，再擺上做法2的雞翅，送入預熱好的烤箱，以攝氏200度烤約10分鐘，翻面刷上醃料，續烤8分鐘後翻回正面刷上蜂蜜，再略烤約2~3分鐘，即完成

小米桶的貼心建議 ▲

- 食譜中的雞翅不含翅腿，若是改以包含翅腿的完整雞翅，則要再延長烘烤的時間。
- 如果有新鮮的迷迭香，可以放幾枝墊在雞翅下面，以增加香氣。
- 在烤好的雞翅上，撒些乾炒至酥香的白芝麻做裝飾，會看起來更誘人。

奶油鴻禧菇

菇類一般多是用於煮湯，或是當火鍋料，其實也可以用烤的方式來料理，
只要一點點的奶油、蒜頭與黑胡椒粉，輕輕鬆鬆就能完成一道美味的菇料理喔！

材料

鴻禧菇.....1盒 (約100公克)
洋蔥.................................1/4個
蒜頭.....................................1瓣
起司粉............................1大匙
錫箔紙............................1大張

調味料

動物性奶油...............15公克
粗顆粒黑胡椒粉..........少許
鹽...少許
高湯.................................1大匙
(或用白葡萄酒)

做法

1 將鴻禧菇底部去除後清洗乾淨，瀝乾水份；洋蔥洗淨切細絲；蒜頭切碎末；奶油切小丁，備用
2 錫箔紙稍微整成一個缽狀後，放入洋蔥絲與鴻禧菇，再加入高湯、奶油丁，並撒上鹽及黑胡椒粉
3 再將錫箔紙包緊，放入已經預好熱的烤箱，以250度烤約10~15分鐘，取出打開錫箔紙，撒上起司粉，即完成

小米桶的貼心建議 ▲

- 鴻禧菇可替換成金針菇或是其它品種的菇類。

小米桶的貼心建議 ▲

- 烤好的飯糰，外層再加上一片海苔或是紫蘇葉（日本大葉），會更好吃喔！
- 也可以將味噌烤醬替換成烤肉醬，或是直接使用醬油。

小米桶的貼心建議 ▶

- 魚肉建議使用新鮮的口感較佳，而冷凍的魚柳會較濕軟。
- 烤盤墊上烘焙紙會比墊錫箔紙較不易沾黏。
- 可以將檸檬擠汁滴在魚肉上一起食用，風味更佳。

味噌烤飯糰

沒胃口，或是家裡有剩飯不知該怎麼辦的時候，
可以改個口味用烤的。表面烤到略帶焦香的飯糰，
香香甜甜、外脆內軟，讓人胃口大開喔！

材料

熱白飯……1又1/2碗
味噌……1大匙
味醂……1/2大匙

做法

1 味噌、味醂混合拌勻，成為味噌烤醬，備用；將米飯分成四等份，將每一等份分別用保鮮膜(或保鮮袋)包住後，用力扭緊，讓米飯扎實的成糰，再整捏成三角形，備用

2 烤盤墊上錫箔紙並刷上少許油後，排入飯糰，再放入預好熱的烤箱，以攝氏200度烤約2分鐘，取出塗上味噌烤醬，再放回烤箱烘烤至飯糰表面微焦，即完成

麥片烤魚柳

以薄荷、檸檬為主要香氣調味的魚肉，
再搭配烘烤的方式烹調，非常的清爽好味道，
一點都不會有魚腥味喔！

材料

新鮮去骨魚肉……2大片
原味優格……1/2小罐
鹽……適量
白胡椒粉……少許

調味料

麵包粉……2/3杯
麥片……1/3杯
起司粉……2大匙
檸檬……1/2顆
薄荷葉碎末……1大匙
(或是巴西利Parsley)
蒜頭(切碎)……1瓣
橄欖油……2大匙

做法

1 將檸檬皮刮下切碎，再與其餘調味料混合均勻，成為裹料，備用

2 將魚肉撒上鹽與白胡椒粉後，抹上薄薄一層的優格，再沾裹上做法1的裹料，排入墊有烘焙紙的烤盤中，送入已預熱的烤箱，以攝氏220度烤約12~15分鐘，即完成

烤蘇格蘭蛋

蘇格蘭蛋（Scotch Eggs）是用水煮雞蛋包裹上香腸肉和麵包粉，以油炸或烘烤的蛋料理。自己在家做，則可以自由的變化肉餡材料，簡單易做又好吃。

材料

材料	份量
鵪鶉蛋	12個
豬絞肉	200公克
洋蔥碎末	1又1/2大匙
蛋液	適量
麵粉	適量
麵包粉	1杯
沙拉油	1又1/2大匙

調味用料

醬油	1大匙
米酒	1小匙
白胡椒粉	少許
鵪鶉蛋	1個
鹽	適量
太白粉	1小匙
香油	1小匙

做法

1. 鵪鶉蛋外殼洗淨，放入鍋中煮熟後並剝去蛋殼；將麵包粉加入沙拉油混合均勻，備用
2. 將豬絞肉加上洋蔥末、調味料攪拌至起膠有黏性，再整團拿起往盆裡摔打約1分鐘，排出肉餡內的空氣，並均分成12等份，備用
3. 將熟鵪鶉蛋沾上一層麵粉，再用肉餡包裹後，以雙手來回輕拋，讓肉餡與蛋緊密黏在一起，再沾上一層麵粉，再沾蛋液，再裹上做法1的麵包粉，備用
4. 再排入墊有烘焙紙的烤盤中，送入已經預熱的烤箱，以攝氏180度烤約20分鐘，即完成

小米桶的貼心建議 ▼

- 蘇格蘭蛋可以搭配沙拉和醃漬的酸黃瓜一起食用，或是改以蕃茄醬或泰式甜辣醬做為沾醬。
- 肉餡一定要充份摔打讓空氣排出，以避免烘烤時裂開露出蛋來。
- 水煮蛋裹上一層麵粉，可讓蛋跟肉餡緊密貼著不鬆脫。
- 烤盤墊上烘焙紙會比墊錫箔紙，較不易沾黏。

份量 4人 準備 15min 烹煮 30min

黑胡椒鹹豬肉

因為增加了黑胡椒以及花椒，讓原本鹹香的豬肉，多了少許麻與辣的口感，再用烤箱烤到表面酥香、內部鮮嫩，很適合當做下酒小菜喔！

材料

帶皮五花肉......300公克
(厚度約2.5公分)
蒜苗(切片)......2根

調味料

黑胡椒粒......1大匙
花椒......1/2大匙
蒜末......1/2大匙
米酒......1大匙
鹽......2小匙
糖......1小匙

沾醬

蒜末......1/2大匙
白米醋......1大匙

做法

1 將黑胡椒粒、花椒放入鍋中，以小火乾炒出香味後壓碎，再與其餘調味料混合成為醃料，備用

2 五花肉洗淨後擦乾水份，均勻抹上做法1的醃料後，用保鮮袋包裹好，放入冰箱冷藏約2天至入味

3 等豬肉醃入味之後，即可取出，放在烤架上，送入已預熱的烤箱，先以攝氏220度烤約10分鐘，再降至170度烤約20分鐘後取出，等約10分鐘降溫後，再切薄片，即可搭配蒜苗片與沾醬食用

小米桶的貼心建議 ▲

- 鹹豬肉也可以先蒸15分鐘，再用烤箱以攝氏200度烤約8分鐘。
- 將黑胡椒粒、花椒炒香後再磨碎這樣才會香。

焗火腿乳酪蛋盅

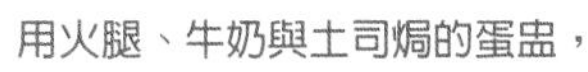

用火腿、牛奶與土司焗的蛋盅，
類似西式的鹹味麵包布丁。
頂面是烤到金黃微焦的酥香口感，
而內部確是吸滿牛奶蛋液的柔嫩土司。

材料

土司……2片
火腿……4片
起司絲……50公克
奶油……少許
巴西利(Parsley)碎末……少許
烤皿……4個

蛋液材料

雞蛋……大型的2個
鮮奶……180毫升
鹽……少許
粗粒黑胡椒粉……少許

做法

1 將每片土司切成9小塊；火腿切小片；蛋液材料混合均勻，並用網勺過篩1次，備用

2 將烤皿內部抹上奶油，排入土司、火腿片、起司絲，倒入蛋液，再送入已預好熱的烤箱，以攝氏170度烤約15~20分鐘後，取出撒上巴西利碎末，即完成

小米桶的貼心建議 ▲

- 起司絲已具鹹味，所以鹽勿放過多，而且起司絲不要光只撒在頂面，內部中間也要有喔！
- 配料可以自由變化只要是易熟，或是已熟的食材通通都可以，比如：蕃茄丁、洋蔥絲、玉米粒、熟蝦仁、蟹肉棒...等。
- 烹調方式可以替換成蒸的方式：將烤皿用耐熱保鮮膜封好，放入水滾的蒸鍋中，以中小火蒸約8~10分鐘(鍋蓋要留點縫隙)。

焗奶香雲吞

雲吞或是水餃不是只有水煮的簡單料理方式，
可以變化成白醬或紅醬搭配起司絲的焗烤方法，展現雲吞與水餃的歐風新面貌喔！

材料

市售雲吞……10粒
罐頭玉米粒……2大匙
起司絲……適量
奶油……少許
巴西利(Parsley)碎末……少許

調味料

鮮奶……80毫升
鹽……少許
粗粒黑胡椒粉……少許

做法

1. 取一鍋，加入適量的水，煮滾後，放入雲吞煮至8分熟，撈起瀝乾水份，備用
2. 取一烤皿，抹上少許奶油(沙拉油亦可)，擺入做法1的雲吞、玉米粒、調味料，再撒上起司絲，送入已預好熱的烤箱，以攝氏200度烤約10分鐘至表面微焦，取出撒上巴西利碎末，即完成

小米桶的貼心建議 ▲

- 雲吞也可以替換成水餃喔！

份量 4人　準備 15 min　烹煮 6 min

焗烤番茄盅

將番茄中央的果肉囊籽挖空後，填入以豐富食材拌成的內餡，再撒上起司絲，烤至表面酥香。
清爽的口感，加上美麗的外觀，是一道討喜的烤箱料理喔！

材料

- 牛番茄……中小型的4個
- 鮪魚罐頭……1/2罐
- 水煮蛋……1個
- 小黃瓜……1/3條
- 罐頭玉米粒……2大匙
- 沙拉醬……1又1/2大匙
- 起司絲……適量
- 巴西利碎末……少許 (Parsley)

做法

1. 將鮪魚罐頭的汁液稍微瀝掉後，再用叉子搗碎；水煮蛋切碎；黃瓜洗淨去芯後，切成小碎丁；再將上述材料加入玉米粒、沙拉醬，充分拌勻，成為內餡備用
2. 番茄洗淨後，於接近蒂頭處切去部份，再用小湯匙將內部囊籽挖除，成為番茄盅，備用
3. 再將做法1的餡料填入番茄盅內，撒上適量的起司絲後，送入已預好熱的烤箱，以攝氏220度烤約5~6分鐘，取出撒上巴西利碎末，即完成

小米桶的貼心建議 ▲

- 將番茄底部用刀切下少許，可以幫助站立。
- 小黃瓜去內芯後，再切碎丁，就能保持爽脆感。
- 鮪魚罐頭的汁液稍微瀝掉即可，因為汁液可讓鮪魚肉保有濕潤的口感。
- 內餡也可以替換成用豬絞肉拌成的肉餡，但烘烤的溫度與時間要改成：攝氏180度烤約25分鐘。

蒜香乳酪烤鮮菇

一點點的蒜頭末，加上一點點的起司粉，快速的用烤箱高溫烘烤，就能變成一道香氣濃郁的香菇焗烤料理。

材料

鮮香菇……12朵
麵包粉……2大匙
蒜頭碎末……1又1/2大匙

調味料

起司粉……2大匙
橄欖油……1大匙
粗粒黑胡椒粉……適量
鹽……1/4小匙

小米桶的貼心建議 ▼

- 烤的時間，會因香菇的大小厚度而有所不同，請依實際情況加以調整。
- 更簡單的方法，是將香菇蒂頭切下後，直接在香菇上面撒入蒜末與起司絲，再放入烤箱焗烤至表面金黃。

做法

1 香菇洗淨，用廚房紙巾吸乾水份後，切下蒂頭，並將蒂頭切成碎末(較硬的部份要切除)，備用

2 將香菇蒂的碎末加入麵包粉、蒜頭碎、以及調味料，混合均勻成為餡料

3 再將餡料填在香菇上頭，放入已預熱的烤箱，以攝氏220度烤約5分鐘，即完成

焗烤 馬鈴薯盅

馬鈴薯不管是生的，還是煮熟壓泥，只要加入各種配料，淋上白醬、紅醬，或是鮮奶油，最後再撒上起司絲烘烤，就是一道完美的焗烤料理。

材料

馬鈴薯 中型3個
火腿 ...... 2片(切碎丁)
起司絲 ...... 適量
巴西利(Parsley)碎末 ...... 少許

調味料

鮮奶 2大匙
起司粉 1大匙
粗粒黑胡椒粉 ...... 適量
鹽 ...... 適量

做法

1 馬鈴薯連皮刷洗乾淨，用刀縱向切對半，放入蒸鍋中蒸熟後，用小湯匙趁熱挖出馬鈴薯肉，邊緣要預留0.5公分不挖
2 將挖出的馬鈴薯壓成泥狀，加入火腿碎丁，以及所有調味料，混合均勻後，再填回馬鈴薯盅
3 最後於頂面上起司絲，放入已預熱的烤箱，以攝氏200度，烤至表面金黃，取出再撒上巴西利碎末，即完成

小米桶的貼心建議 ▲

- 食譜中的3顆馬鈴薯，只將2顆切對半，做成4份馬鈴薯盅，而另外一顆則壓成泥狀當餡料。
- 蒸馬鈴薯，也可以改成用微波爐，以中大火叮約4~5分鐘。
- 鮮奶改用鮮奶油，奶味更香濃。餡料的火腿可以替換其它食材，比如：煎或烤過的培根、香腸、玉米粒。

酪梨焗蝦盅

酪梨除了打成果汁，或是以沙拉來食用之外，
其實加入美奶滋或奶油白醬，撒上起司絲，
以焗烤的方式料理，也是很對味的喔！

材料

酪梨……1個
南瓜……去皮去籽50公克
鮮蝦……6隻
美奶滋……適量
粗顆粒黑胡椒粉……少許
鹽……少許

小米桶的貼心建議 ▼

- 也可以將酪梨、熟蝦仁、南瓜放入烤皿中，直接淋入白醬，再撒上起司絲後，烤至表面酥香。

做法

1. 將鮮蝦去頭與腸泥洗淨，放入滾水中燙至8分熟，撈起泡入冰水中降溫後，剝去外殼，再切成小塊，備用；南瓜去皮去籽洗淨，放入蒸鍋中蒸熟，取出稍微降溫後，切成一口大小方塊，備用
2. 將酪梨外皮輕刷洗乾淨，擦乾水份，再用刀縱向對切成兩半後，去內核，再用小湯匙將酪梨肉挖出一口大小的塊狀，並將挖剩的酪梨外殼留下備用
3. 將做法1的蝦肉、南瓜塊、酪梨肉放入碗中，加入1大匙的美奶滋、黑胡椒粉、鹽，拌勻
4. 再填入先前留下的酪梨外殼，並在頂面擠上適量的美奶滋，送入已預好熱的烤箱，以攝氏220度烤約3~4分鐘，至表面呈現微焦色，即完成

Cold dish

低熱量無負擔涼拌

吃多了大魚大肉容易令人感到有點膩，這時可以來些爽口開胃的涼拌菜。製作時不需要炒煮，更沒有油煙，只要切切洗洗，或是簡單的燙一下，再與特製的醬料拌一拌，美味好菜就能立刻端上桌。

涼拌菜的美味重點

- 生吃的蔬菜要用流動的水多沖洗幾遍，而且洗淨後最好能夠再過一次冷開水或過濾水，才能確保沒有雜質與農藥殘留。
- 生吃的蔬菜拌之前，可以先用冰開水浸泡冰鎮約5分鐘，使其口感清脆，葉類蔬菜則可用手撕來取代刀切。
- 汆燙後的食材要立即泡入冰水中冰鎮降溫，可以增加爽脆的口感，尤其是蔬菜類還能保持翠綠的色澤。
- 山藥、茭白筍、茄子、蘋果....等蔬果，要邊切邊泡入水或鹽水中，以避免氧化變褐色。
- 砧板要區分熟食、生食，甚至於蔬果的砧板，也最好能夠與肉類區分開來，以避免互相汙染，從而確保涼拌菜的衛生。
- 拌好的涼菜最好能夠現拌現吃，以避免食材出水，影響口感與味道。若製作份量需較多，則可以將食材與醬料分開冷藏保存，吃多少就拌多少，但也要盡量在1~2天內食用完畢。

6種美味的醬汁與應用

涼拌菜最重要的是調味醬汁，它是整道菜的靈魂，只要調味得宜，提引出食材的鮮美，就能讓整道菜都會活了起來。

▼ 簡易油醋醬汁

只要掌握油3醋1的完美比例，就可以調製出清爽健康的西式沙拉醬，適合用於各式生菜沙拉。

材料：特級初榨橄欖油3大匙、紅酒醋或水果醋1大匙、鹽適量、現磨黑胡椒適量

做法：將所有材料拌勻即可

▼ 千島沙拉醬

以美奶滋與番茄醬爲基礎的西式醬料，適合用於各式生菜沙拉，當麵包抹醬或炸物沾醬也很搭味。

材料：美奶滋8大匙、蕃茄醬4大匙、酸黃瓜碎1大匙、洋蔥碎1大匙、西芹碎1大匙

做法：將所有材料拌勻即可

▼ 日式甘醋汁

酸甜的開胃滋味，適用於根莖類的蔬菜，比如：山藥、白蘿蔔、小黃瓜、牛蒡。

材料：米醋300毫升、細砂糖8大匙、鹽1/2小匙

做法：將所有材料放入鍋中煮至糖溶化即可
(一次可多做些，冷卻後裝入玻璃瓶，放入冰箱冷藏，可保存半年)

▼ 五味醬

香氣豐富調味醬，適用於海鮮類或肉類，比如：白灼的花枝、魷魚、蝦。

材料：醬油膏2大匙、蕃茄醬3大匙、細砂糖1大匙、烏醋2大匙、香油1小匙、蔥末適量、薑末適量、蒜末適量、香菜末適量、辣椒適量

做法：將所有材料拌勻即可

▼ 芝麻醬

濃郁的芝麻醬香，適用於雞肉、蔬菜類，或是拌麵，比如：棒棒雞絲、麻醬菠菜。

材料：芝麻醬2大匙、花生醬1大匙、醬油2大匙、糖1/2大匙、烏醋1又1/2大匙、香油1/2大匙、蒜泥1/2大匙、冷開水4大匙

做法：將所有材料拌勻即可

▼ 蒜味醬

蒜香十足的醬油味道，適用於肉類與豆製品，比如：蒜泥白肉、涼拌豆乾、素雞。

材料：蒜末1大匙、醬油膏4大匙、烏醋1小匙、細砂糖1小匙、香油1小匙、冷開水2大匙

做法：將所有材料拌勻即可

五花肉捲蔬菜

用啤酒燙肉可以保持肉的柔嫩與鮮甜，
而且還帶點似酒非酒的香氣，再搭配爽脆的各式蔬菜，
口感非常豐富、具層次感。

材料

五花肉薄片............8片
蘿蔔櫻..............20公克
紅蘿蔔..............20公克
高麗菜..............20公克
紫高麗菜..........20公克
啤酒.........................1罐

調味料

蒜末..................1/2小匙
醬油膏..................2大匙
烏醋.......................1小匙
糖.......................1/2小匙
香油.......................1小匙
冷開水............1/2大匙

做法

1 將調味料混合均勻，即成為醬汁，備用
2 蘿蔔櫻洗淨；紅蘿蔔去皮洗淨切絲；高麗菜、紫高麗菜洗淨切絲；再將上述所有蔬菜分別泡入冰開水中冰鎮約5分鐘，使其口感爽脆，再瀝乾水份，備用
3 啤酒放入鍋中煮滾，再將五花肉一片一片的放入燙熟，盛起瀝乾湯汁，備用
4 將適量的蘿蔔櫻、紅蘿蔔、高麗菜、紫高麗菜，用做法3的五花肉片包捲起來，排於盤中，再淋上做法1的醬汁，即完成

小米桶的貼心建議 ◀

- 包捲用的蔬菜可以自由變化，比如：紅甜椒、黃甜椒、洋蔥、或是小黃瓜。

台式泡菜

酸酸甜甜的台式泡菜，因為加入話梅，而增添了自然回甘的口感，會讓人一口接著一口的非常開胃喔！

小米桶的貼心建議

- 每個品牌的醋，因酸度會不太一樣，因此可依實際情況與酸甜度的喜好，自由調整醋的用量。
- 也可以將紅、白蘿蔔，加上小黃瓜，以相同的做法醃製成為廣東泡菜喔！

材料

高麗菜	500公克
紅蘿蔔	1/3根
紅辣椒	1條
蒜頭	2瓣
鹽	適量

調味料

糖	1杯
米醋	1又1/2杯
鹽	1/4小匙
水	300毫升
話梅	2顆

做法

1. 將調味料中的水煮滾後熄火，加入糖攪拌至完全溶解後，再加入米醋、話梅、鹽混合均勻，放置冷卻，備用
2. 將辣椒切片；蒜頭拍碎；紅蘿蔔去皮切片；高麗菜用手撕大片，備用
3. 將高麗菜、紅蘿蔔加入適量鹽拌勻，靜置至菜葉變軟，再用手輕抓出水之後，將菜汁擠出，並重復多次以冷開水洗去多餘的鹽分，再瀝乾水份，備用
4. 將做法3的高麗菜、紅蘿蔔、辣椒片、蒜頭碎，裝入玻璃罐或保鮮盒中，倒入做法1的糖醋汁，再放入冰箱冷藏約一天至入味，即完成

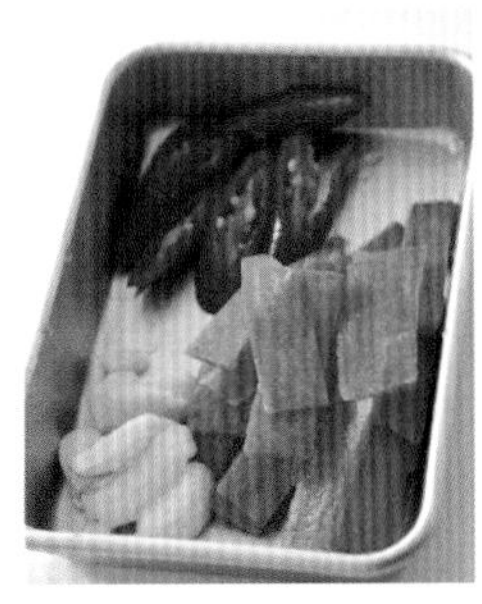

南瓜鮪魚沙拉

一般的沙拉大多是用馬鈴薯泥，其實也可以替換成南瓜泥或是地瓜泥。
帶有自然清甜的南瓜沙拉，除了可以當做配菜之外，
也很適合拿來做三明治夾料，或是麵包抹醬喔！

材料

南瓜............中小型的1/4個
(約450公克)
鮪魚罐頭............1罐
洋蔥............1/4個
小黃瓜............1根
沙拉醬............1又1/2大匙
粗顆粒黑胡椒粉............少許
鹽............少許

做法

1 南瓜不去皮，直接刷洗乾淨後切成適當的塊狀，放入蒸鍋中蒸至熟軟，再將瓜肉挖起，搗成泥狀，備用
2 小黃瓜洗淨切成圓薄片，加入適量的鹽拌勻，靜置約10分鐘，再用冷開水洗去鹹度後，輕擠去水份，備用
3 洋蔥洗淨切碎末；鮪魚罐頭瀝乾湯汁後，用叉子搗成鬆散狀，備用
4 將南瓜泥、做法2的小黃瓜、做法3的洋蔥和鮪魚，放入大盆中，加入沙拉醬、黑胡椒粉、鹽，混合均勻，即完成

小米桶的貼心建議 ▲

- 建議選用綠皮、橘皮的小南瓜，或是放置較久的老南瓜，因為水份含量低，較適合做成沙拉。
- 沙拉醬與鮪魚罐頭已具有鹹度，所以要依情況斟酌是否加鹽調味。
- 沙拉的配料可以自由變化，比如：水煮蛋、熟火腿、玉米粒...等等。

什錦拌豆腐泥沙拉

以豆腐與白芝麻為主的日式白拌醬，口感溫和，味道豐富。
也可以和菠菜、山茼蒿、南瓜...等等汆燙過的當令蔬菜，組合變化出不同的料理喔！

材料

四季豆……100公克
紅蘿蔔……1/2根
蒟蒻絲……1包

豆腐泥白拌醬

豆腐……1塊
炒過的白芝麻……2大匙
糖……1大匙
淡色醬油……1小匙
鹽……適量

調味料

日式高湯……150毫升
淡色醬油……1大匙
味醂……1大匙
鹽……適量

做法

1 將豆腐放入滾水中汆燙後，撈起放在網勺中剝成大塊狀，並用廚房紙巾將多餘水份吸乾，備用

2 四季豆去頭尾、撕老筋，縱剖成半後再切成3~4公分的長段，備用；紅蘿蔔去皮切成跟四季豆相同粗細的段長，備用

3 蒟蒻絲撒上少許的鹽搓揉後，以清水洗乾淨，再放入滾水中煮約3分鐘，撈起瀝乾水份，待涼後再切成3~4公分的長段，備用

4 將紅蘿蔔、蒟蒻絲，放入鍋中加入調味料，煮至紅蘿蔔熟軟後，再加入四季豆續煮至豆熟，撈起瀝乾湯汁，備用

5 將白芝麻放入研磨缽中，再加入做法1的豆腐磨至細滑狀，再加入糖、醬油、鹽，調整味道，最後再加入做法3的四季豆，紅蘿蔔、蒟蒻絲，混合均勻，即完成

小米桶的貼心建議 ▼

- 白芝麻可以替換成芝麻醬，或花生醬。
- 日式高湯可以替換成清水加上日式鰹魚粉。

甘醋汁山藥

山藥含有豐富的營養成份，而且熱量還很低喔。
將山藥用甘醋汁淹漬，酸、甘、甜的爽脆口感，非常開胃。

材料

山藥……400公克
枸杞……1大匙
日式甘醋汁…100毫升
(做法詳見96頁)

做法

1 枸杞洗淨，再用熱水泡軟後瀝乾水份，備用；將山藥洗淨削去外皮，再切成約筷子般粗細的條狀，備用

2 取一鍋，加入適量的水煮滾，放入做法1的枸杞與山藥，再迅速的撈起瀝乾水份，再加入甘醋汁拌勻，放入冰箱冰鎮約30分鐘至入味，即完成

小米桶的貼心建議 ▲

- 切山藥時可以先將切好的山藥泡入加了白醋或檸檬汁的水中，以避免氧化變黑。
- 山藥的黏液對皮膚具有刺激性，在削皮時除了可戴手套防止咬手，也可在水龍頭下以流動的水，邊沖水邊削去外皮。

梨子拌小黃瓜

梨子加上小黃瓜能產生一種特殊的清新香味喔！
若是能買到山楂糕，將其切絲一同拌入，
就是著名的老北京小菜—"賽香瓜"囉！

材料

梨子............拳頭大小的2個
小黃瓜..................................2根
白糖..................................1大匙
(蜂蜜亦可)
鹽..適量

做法

1 將梨子去皮後再切成細絲；小黃瓜洗淨切細絲，備用
2 將梨絲、小黃瓜絲加入糖、鹽拌勻，即完成

小米桶的貼心建議 ▲

- 梨絲不可切的過細，以保持爽脆口感。而且要邊切邊泡入加了鹽的冷開水中，以防止氧化變色。
- 這是一道現拌現吃的小菜，因為梨絲會隨著時間，變得越來越深色。

小米桶的貼心建議 ◀

- 四季豆泡入冰開水中迅速降溫，可以保持其鮮綠，以及爽脆的口感。
- 將燙熟的四季豆縱剖成半，更容易入味，而且口感更好喔！

- 可以使用進口的四季豆，口感較為鮮嫩，比如：法國邊豆(Haricot Verts)或(French Green Beans)。

小米桶的貼心建議 ▶

- 茄子加入調味料拌合時力道要輕，以避免將茄子攪爛喔！

和風涼拌四季豆

份量 4人　準備 10 min　烹煮 5 min

四季豆號稱蔬菜中的肉類，含有豐富的蛋白質及膳食纖維，
四季豆不僅好吃而且烹調多樣化，可以快炒、油炸、汆燙後涼拌、甚至是煮湯喔！

材料

- 四季豆……300公克
- 白芝麻……2大匙
- 柴魚片……10公克

調味料

- 醬油……1大匙
- 香油……2小匙
- 薑末……少許

做法

1 將白芝麻放入鍋中以小火乾炒至金黃後，再加入柴魚片稍微拌炒出香味，盛起備用

2 四季豆去頭尾、撕老筋，放入滾水中汆燙至熟後，撈起放入冰開水中泡涼，再撈起瀝乾水分，切成約5公分的長段，備用

3 將做法2的四季豆加入調味料拌勻，再加入做法1的白芝麻與柴魚片混合均勻，即完成

涼拌蒸茄子

在所有的茄子料理之中，我最喜愛的就是蒸茄子了，因為清爽不油膩，做法也非常的簡單，
而且用蒸的茄子甜度不易流失，就算不加醬料，照樣好吃喔！

材料

- 茄子……4根

調味料

- 醬油……3大匙
- 蔥花……2大匙
- 蒜末……1大匙
- 辣椒末……1/2小匙
- 香油……1大匙
- 炒香的白芝麻 1大匙

做法

1 茄子洗淨，對半切開，將茄子皮朝下放入水滾的蒸鍋中，蒸至變軟後，取出放涼，再以手撕成細條狀，並輕擰乾水份，備用

2 將做法1的茄子加入調味料混合均勻，即完成

涼拌牛蒡絲

與健康、養生...等形容詞劃上等號的牛蒡，可說是深藏不露的天然補品。胃口不佳時，以涼拌牛蒡絲搭配清粥，既清爽又開胃喔！

材料

牛蒡……2根
日式甘醋汁……5大匙 (做法詳見96頁)
香油……1大匙
炒過的黑、白芝麻……適量
醬油……1大匙

做法

1 牛蒡洗淨用刀背刮除外皮，切成細絲，再泡入加有白醋(份量外)的清水中約10分鐘，讓牛蒡絲變白，再撈起瀝乾水份，備用

2 將牛蒡絲放入滾水中汆燙約1~2分鐘後，撈起泡入冰開水中降溫，再撈起瀝乾水份，備用

3 將做法2的牛蒡絲加入甘醋汁、醬油、香油、芝麻，充分拌勻，放入冰箱冷藏約30分鐘至入味，即完成

小米桶的貼心建議 ◀

- 靠近皮的部位是最具營養價值的，所以使用刀背去皮的時候，勿削的太厚。
- 牛蒡切絲的小訣竅：先將削好皮的牛蒡縱向劃上數道刀痕，再像削鉛筆般的方式，將牛蒡削成薄絲狀。
- 牛蒡絲泡醋水的用意是防止牛蒡氧化變黑。

紹興醉蝦

濃郁酒香之中，又夾帶著淡淡的當歸與枸杞香味的紹興酒醉蝦，
蝦肉爽脆鮮甜又多汁，是一道四季皆宜的涼菜喔！

材料

活鮮蝦……400公克
蔥……2根
薑……3片
米酒……適量

調味料A

當歸……2片
紅棗……5個
枸杞……1大匙
清水……600毫升

調味料B

紹興酒……300毫升
鹽……1小匙
糖……1/2小匙

做法

1 取一鍋，放入調味料A煮約15分鐘，放涼後，再加入調味料B拌勻，放入冰箱中冷藏，備用
2 將鮮蝦用剪刀剪去尖刺、腳鬚，再去除腸泥，洗淨備用
3 另燒一鍋水，放入蔥、薑、少許米酒，等水滾後將蝦放入鍋中煮約2~3分鐘，再撈起泡入冰開水中降溫，再撈起瀝乾水份，備用
4 將煮熟的鮮蝦泡入做法1的紹興酒醃汁，再放入冰箱冷藏1~2天至入味，即完成

小米桶的貼心建議◀

- 若不喜歡中藥味，則可省略當歸。
- 燙蝦的水除了加入蔥、薑、酒，幫助去腥外，還可以再加少許白醋，讓蝦的顏色更顯紅潤。
- 蝦子泡在紹興酒醃汁中至少要一天，如能醃上兩天會更加入味喔！

蟹肉魔鬼蛋

魔鬼蛋(Devilled Eggs)是一道很常見的西式開胃菜，因為調味中帶有辣味，所以稱為 "魔鬼" 蛋。當然 自己做的時候也可以根據喜愛的口味，決定是否加辣，又或者是變化裡頭的配料喔！

材料

雞蛋……大型的4個
熟蟹肉……50公克

調味料

新鮮檸檬汁……1小匙
芥末醬……1/2小匙
沙拉醬……2大匙
巴西利(Parsley)碎末……1/2小匙
(或以香菜替代)
粗粒黑胡椒粉……適量
鹽……適量

做法

1 取一湯鍋，加入能蓋過雞蛋的水量，放入1大匙份量外的鹽、白醋、以及雞蛋，煮滾後續煮10分鐘，即可熄火
2 將做法1的水煮蛋撈起浸泡於冷水中，並剝去蛋殼，再將水煮蛋縱向對半切開，並挖出蛋黃，備用
3 將蛋黃搗碎，加入熟蟹肉(預留少許做頂面裝飾)、以及所有調味料，充分混合均勻後，再填入蛋白中空處，並於頂面放上少許的蟹肉做裝飾，即完成

小米桶的貼心建議 ▲

- 煮蛋時加入白醋可以促進蛋液凝結，而加鹽則能避免蛋殼裂開時，未凝結的蛋液留出。
- 煮蛋時水滾就要不停的輕翻動雞蛋，蛋黃才會固定在蛋白的中間。
- 沙拉醬可以分次加入，以利調整蛋黃餡的濃稠度，而避免過於稀軟。
- 熟蟹肉可以替換成熟蝦肉、熟火腿、或是熟雞肉。

XO醬拌蝦仁

港式風味的XO醬可以說是醬料中的極品，無論是蒸、炒、拌、煮均能增添料理獨特風味！除了作為餐前或伴酒小菜，更可用於烹調各款肉類、海鮮、蔬菜等料理。

材料

鮮蝦……400公克
西芹……2根
米酒……1大匙
薑……2片
XO醬……2大匙

做法

1 西芹洗淨去除硬皮的部份，切成小菱形狀，放入滾水中迅速汆燙約3秒，再撈起泡入冰開水中冰鎮約5分鐘，使其口感爽脆，再瀝乾水份，備用
2 將新鮮蝦子剝去外殼，挑除腸泥後洗淨，再放入加了薑片的滾水中燙熟，熄火前淋入米酒，即可撈起泡入冰開水中冰鎮，再瀝乾水份，備用
3 將燙熟的蝦子與做法2的西芹，加入XO醬混合均勻，即完成

小米桶的貼心建議 ◀

- 可用小黃瓜替代西芹；XO醬也可以替換成沙茶醬拌入少量的醬油膏，也是不錯的選擇喔！

Kitchen Blog

小小米桶的零油煙廚房：82道美味料理精彩上桌！

作者　吳美玲

出版者 / 出版菊文化事業有限公司　P.C. Publishing Co.

發行人　趙天德

總編輯　車東蔚

文案編輯　編輯部　美術編輯　R.C. Work Shop

攝影　吳美玲

台北市雨聲街77號1樓

TEL：(02)2838-7996　FAX：(02)2836-0028

法律顧問　劉陽明律師 名陽法律事務所

初版日期　2010年5月　七刷　2012年5月

定價　新台幣280元

ISBN-13：978-957-0452-99-0　書　號　K03

讀者專線　(02)2836-0069

www.ecook.com.tw

E-mail　service@ecook.com.tw

劃撥帳號　19260956 大境文化事業有限公司

小小米桶的零油煙廚房：82道美味料理精彩上桌！

吳美玲 著 初版. 臺北市：出版菊文化，2010[民99]

112面；19×26公分. ----(Kitchen Blog系列；03)

ISBN-13：9789570452990

1.食譜　2.健康飲食

427.1　　99005533

德國Fissler菲仕樂『Vitavit comfort壓力鍋6公升』

為了讓您更省時的體驗零油煙佳餚，我們準備了價值$15,900元的德國fissler「德國fissler Vitavit comfort 6公升壓力鍋」共5組，要送給幸運的讀者！

只要剪下下頁回函，99年8月10日免貼郵票寄回（影印無效），13日將抽獎揭曉！

烹飪幫您節省50%的時間與能源

德國Fissler菲仕樂Vitavit comfort壓力鍋，縮短食物烹調時間，將維生素與礦物質留住，更保留食物風味與營養。"Made In Germany"德國製造，18/10不鏽鋼材與百年製鍋技術，於2009年更榮獲德國紅點獎（reddot design award winner2009）。

免費送

小小米桶愛用的壓力鍋，
市價$**15,900**元送給您

（幸運中獎讀者將以電話個別通知，名單公佈於出版菊文化與小小米桶部落格）

沿　虛　線　剪　下

小小米桶的零油煙廚房：82道美味料理精彩上桌！

請您填妥以下回函，免貼郵票投郵寄回，除了讓我們更了解您的需求外，
更可獲得大境文化&出版菊文化一年一度會員獨享購書優惠！

1. 姓名：＿＿＿＿＿＿
   姓別：□男　□女　年齡：＿＿＿　教育程度：＿＿＿＿　職業：＿＿＿＿＿
   連絡地址：□□□＿＿＿＿＿＿＿＿＿＿＿＿
   傳真：＿＿＿＿＿＿＿＿　電子信箱：＿＿＿＿＿＿＿＿
2. 您從何處購買此書？＿＿＿＿縣市＿＿＿＿＿＿＿書店/量販店
   □書展　□郵購　□網路　□其他＿＿＿＿＿＿
3. 您從何處得知本書的出版？
   □書店　□報紙　□雜誌　□書訊　□廣播　□電視　□網路
   □親朋好友　□其他＿＿＿＿＿
4. 您購買本書的原因？（可複選）
   □對主題有興趣　□生活上的需要　□工作上的需要　□出版社　□作者
   □價格合理（如果不合理，您覺得合理價錢應$＿＿＿＿＿＿＿）
   □除了食譜以外，還有許多豐富有用的資訊
   □版面編排　□拍照風格　□其他＿＿＿＿＿＿＿＿
5. 您經常購買哪類主題的食譜書？（可複選）
   □中菜　□中式點心　□西點　□歐美料理（請舉例＿＿＿＿＿＿）
   □日本料理　□亞洲料理（請舉例＿＿＿＿＿＿）
   □飲料冰品　□醫療飲食（請舉例＿＿＿＿＿＿）
   □飲食文化　□烹飪問答集　□其他＿＿＿＿＿＿
6. 什麼是您決定是否購買食譜書的主要原因？（可複選）
   □主題　□價格　□作者　□設計編排　□其他＿＿＿＿＿＿
7. 您最喜歡的食譜作者/老師？為什麼？
8. 您曾購買的食譜書有哪些？
9. 您希望我們未來出版何種主題的食譜書？
10. 您認為本書尚須改進之處？以及您對我們的建議？